MAREN GROTE

FRUST — LASS NACH!

Impulskontrolle & Frustrationstoleranz
Selbstregulation bei Hunden erfolgreich aufbauen

KOSMOS

Inhalt

DAS BESTE FÜR DEINEN HUND

Selbstregulation macht aus, dass man sie SELBST erreicht.

EIN BUCH ÜBER FRUST

Wieso ist dieses ganze Thema eigentlich so wichtig, dass man dafür ein Buch braucht?

SELBSTREGULATION IST ALLES

Ganz einfach: Selbstregulation, also seine Gefühle selbst beeinflussen und regulieren zu können, ist die höchste Form der Freiheit. Sie ist eine Charaktereigenschaft und macht in tausend kleinen Details, wer der Hund ist, was er kann und was er nicht kann. Sie bestimmt darüber, ob er ein zufriedenes Leben führen kann, egal wie die äußeren Umstände aussehen. Sich einzuschätzen und sein Handeln bewusst zu kontrollieren ist das, was unsere Hunde in jeder Sekunde dafür nutzen können aus den Zitronen des Lebens Limonade zu machen und was wir den freien Willen nennen.
Du hörst schon meine Begeisterung und tatsächlich ist dieses Thema eines der allerwichtigsten überhaupt in der Erziehung von Hunden. Klappt es hier, klappt auch alles andere. Jedes Problem, das man mit Hunden haben kann, das durch ihr Verhalten und nicht durch körperliche Fähigkeiten oder Krankheiten gesteuert wird, hängt an der Selbstregulationsfähigkeit. Alle Kontakte zu anderen Hunden, zu dir, zu fremden Menschen, der unbelebten Umwelt und alles, was dein Hund im Alltag tut oder nicht tut, wird durch die Selbstregulation mitentschieden. Sie macht den Unterschied, ob dein Hund mit Situationen und Kontakten klarkommt oder nicht. Mit ihr lebt der Hund stressarm und zufrieden.

Was gäbe es also Schlaueres, als hier die Weichen richtig zu stellen und das Bestmögliche herauszuholen.

Selbstregulationsfähigkeiten sind Teile der Persönlichkeit.

EIN BUCH BLEIBT EIN BUCH

Anleitungen in Büchern zu geben ist immer etwas schwer. Irgendwer wird es immer falsch verstehen, nicht jede*r ist bereit, alles richtig umzusetzen, und manchmal fehlt vorher eine dringende Beratung vor Ort und das Do-it-yourself-Erziehen mit einem Buch geht nach hinten los.

01

Dieses Risiko gehen wir beide ein, wenn du Anweisungen aus diesem Buch liest und umsetzt. Natürlich kann ich dir versichern, dass ich nichts raten würde, was schädlich, schmerzhaft oder zerstörerisch für dich und deinen Hund sein kann.

Nicht immer habe ich den Raum, hier mit allen Vorurteilen aufzuräumen, die du eventuell mal gehört oder gelesen hast. Insbesondere wenn du Kontakt zu eingeschränkter Hundeerziehung hattest, die nicht auf wissenschaftlichen, medizinischen oder psychologischen Grundlagen, sondern auf einer persönlichen Ideologie beruht, dann kann es sein, dass dich manche Dinge verwundern oder zum Nachdenken bringen. Und dieses Nachdenken ist gut!

Für mich persönlich ist es wichtig, den Menschen wieder eine Eigenverantwortung zu übergeben. Ich erkläre also so genau wie möglich, baue aber darauf, dass du mitdenkst und mitfühlst. Eine stabile Beziehung zwischen Hund und Mensch, die auf Vertrauen, Freundschaft und einen hohen sozialen Status des Menschen innerhalb dieser Beziehung beruht, ist die Grundlage für jede Veränderung. Ich setze voraus, dass du mit deinem Hund in so einer Beziehung stehst und du den Moment erkennst, in dem du zusätzliches Coaching brauchst. Sieh dieses Buch als einen weiteren Schritt auf einem großen Weg. Hin zu Eigeninitiative, Mut sich in einer Beziehung zum Hund auszuprobieren und sozial zu agieren mit allem, was dazugehört.

02

03

01 Gelassenheit und Zufriedenheit des Hundes sind Ziele dieses Buches.

02 Vertrauen und Liebe sind die Grundlage für jede Erziehung.

03 Du bist der Mensch, der deinem Hund Stabilität und Grenzen vermitteln kann.

Wer seinem Hund helfen möchte, schult sich in Geduld und im Pläneschmieden.

DIREKT REIN INS GESCHEHEN

Jetzt aber los! Auch in diesem Buch fügen sich einige Teile später erst zusammen und ich versuche die Themen so aufzubauen, dass sie möglichst verständlich sind.

Ich bitte dich, unbedingt erst das ganze Buch zu lesen, denn überall sind wichtige Informationen mit eingestreut und es werden eventuelle Fragen zu Übungen erst in späteren Ausführungen erklärt. Deswegen ist es wirklich wichtig, dass du trotz großer Motivation direkt loszulegen, zuerst einmal alles liest und dir danach einen sinnvollen Plan zurechtlegst, was du wie ausprobieren möchtest und wie du die einzelnen Übungen so aufbauen kannst, dass dein Hund ablenkungsarm lernen kann.

Nicht nur dein Hund soll lernen sich geduldig zu verhalten, auch du bist gefragt. Genau wie in einem persönlichen Training vor Ort gilt also auch hier:

— Erst verstehen, wo das Problem genau liegt, was es auslöst, schlechter oder besser gemacht hat.
— Dann herausfinden, was als erster Schritt hilfreich ist, wo man so einfach wie möglich einsteigen kann.
— Dann üben und ausprobieren.
— Die Entwicklung kritisch im Blick behalten.

— Und dann erst Ablenkung und Schwierigkeiten steigern und weitergehen.
— Alles, was du umsetzen möchtest, beginnst du bitte immer maximal simpel, in sicherer, ungestörter Umgebung, bevor du dich hinauswagst. Das heißt, dass du erst einmal innerhalb der Wohnung loslegst, bevor du auf dem Spaziergang etwas übst.

Wir starten mit den Themen **Frust** und **Frustrationstoleranz** und danach lernst du die Abgrenzung und Unterschiede zu **Belohnungsaufschub** und **Impulskontrolle** kennen.

UNTERSTÜTZUNG FÜR DEINEN HUND

Ich erkläre, wie du deinen Hund unterstützen kannst. Ganz grundsätzlich, im Alltag und in Übungen, die stellvertretend für eine Lebenseinstellung stehen. Jede der hier vorgeschlagenen Übungen ist vor allem ein Modell für dich, damit du aus dieser vorgegebenen Situation auf euer ganzes Zusammenleben schließen kannst.
Die Beispielübungen sind also nicht etwas, was von A nach Z abgearbeitet werden muss, sondern sollen dir Inspiration sein, wie du sie auf ganz normale Situationen im Alltag übertragen kannst. Das Leben ist ein großes Übungsfeld und dein Hund lernt jeden Tag jede Sekunde und nicht nur während einer Übung.

Mache dir also die Hintergründe zu eigen, um eine Einstellung zu entwickeln, und betrachte die Übungen nicht so sehr als eine Schulstunde, nach der der Hund frei hat.

Erziehung ist keine Dressur. Sie wirkt sich auf das Sozialverhalten aus und verändert die Einstellung des Hundes grundlegend.

GEFÜHLE

WAS IST FRUST?

Bevor wir uns der Frage stellen, wie man den Hund gegen Frust resistent machen kann, sollten wir definieren, was Frust eigentlich ist.

EIN UNANGENEHMER GEFÜHLS-COCKTAIL

Frust ist eine Mischung verschiedener Gefühle, die sich unangenehm anfühlen. Fragt man Menschen, dann hört man immer wieder dieselben Worte zur Beschreibung dieses bitteren Cocktails: Ungeduld, genervt sein, Enttäuschung, wütend sein, sich ausgeliefert fühlen, nicht bekommen, was man will, und ähnliche Begriffe. Alle davon passen gut.

GRUNDGEFÜHLE

Gehen wir davon aus, dass der Hund wie wir ein Set aus Grundgefühlen in sich trägt, aus denen alle komplexeren Gefühle zusammengemischt werden, dann läuft es in etwa so ab. Die Grundgefühle sind wie die Grundfarben in einer Druckerpatrone. Es gibt nur eine sehr begrenzte Anzahl, aber aus ihnen lässt sich alles andere mischen. Blau und Rot ergeben zusammen, je nach Aufteilung, alle Formen von Lila und Violett. Blau und Gelb dagegen mischen Grüntöne jeder Art und Rot und Gelb bescheren uns Orange, Hellrot oder Sonnengelb. Je komplexer die Farbe, desto mehr Grundfarben spielen mit und Weiß und Schwarz trüben ab oder hellen auf. Die Grundgefühle sind im Prinzip dasselbe. Eine Handvoll Emotionen werden als Ursprung aller anderen Gefühlsregungen gesehen und je nachdem, wo man schaut, ein kleines bisschen unterschiedlich eingestuft. Momentan spricht man von fünf bis sieben Grundgefühlen.

Der Ausdruck der Frustration ist leider nicht im Ethogramm des Hundes beschrieben. Erkennst du ihn trotzdem?

Ich richte mich hier nach der Aufteilung der sechs Basisemotionen. Diese sind: Wut, Trauer, Freude, Überraschung, Angst, Ekel (oder auch „Verachtung“ genannt, je nachdem, ob es sich auf ein Ding oder eine Person bezieht). Aus dieser Basis kann nun zum Beispiel Eifersucht zusammengerührt werden. Wie bei einem Cocktail bildet die Grundlage die Wut, dazu kommen ein kräftiger Schuss Trauer, eine Prise Verachtung und vielleicht sogar etwas Angst, den Anderen zu verlieren. Fertig ist der Cocktail Eifersucht, der immer aus denselben Zutaten besteht, aber von jedem ein bisschen anders zusammengesetzt ist, und bei einem vielleicht mehr Trauer und beim anderen mehr Wut enthält, aber im Grunde seiner Art von allen als dieser Cocktail erkannt wird.
Frust ist ebenfalls so ein Cocktail. Seine Basis, der Orangensaft in ihm, bildet die Wut. Wut ist der elementare Bestandteil von Frust. Dazu kommt dann je nach Typ und Situation ein bisschen Trauer, dass man so

01

gern etwas gehabt hätte, ein bisschen Überraschung vielleicht, wie das passieren konnte, oder noch andere Emotionen. Dass Frust einen hohen Anteil an Wut beinhaltet, ist wichtig für später. Denn es erklärt die Reaktionen, die Hunde zeigen, wenn sie frustriert sind, und kann unser Verständnis dafür öffnen, dass ein frustrierter Hund immer dazu neigt wütend zu werden und dass wir mit unseren Übungen dafür sorgen, dass diese Wut sichtbar wird. Es gibt also keinen Grund unsererseits verärgert über die Wut des Hundes zu sein, sondern stattdessen können wir diese mit mehr Verständnis sehen und sie als Zeichen dafür werten, dass unsere Übung den richtigen Nerv trifft. Der protestierende Hund ist dann nicht mehr der, der sich anders benehmen soll, sondern der, dessen Frust wir sehen.
Auch wir Menschen kommen in den Übungen oft an unsere Grenzen und die eigene Frustrationstoleranz wird beim Üben mit dem Hund immer wieder auf die Probe gestellt. Du wirst eventuell Wut, oder in ihrer kleinen Form: Genervtheit, empfinden. Und dann ist es gut, wenn du dieses Gefühl als Frust enttarnen und erkennen kannst, Strategien zur Bewältigung nutzt und auch mit dir selbst liebevoll und verständnisvoll umgehst.
Vielleicht wirst du sauer auf deinen Hund sein, weil er sich so anstellt. Vielleicht auf dich selbst, weil du bisher so wenig geübt hast, oder auf mich, weil ich mir diese blöden Aufgaben ausgedacht habe. Du erfährst später noch, wieso das normal ist und es dich nicht verunsichern muss. Gefühle sind nie das Problem! Es sind nur die Reaktionen, wie diese Gefühle zum Ausdruck gebracht werden, manchmal anpassungswürdig, aber nicht die Gefühle an sich. Ein Verhalten kann unterbunden werden, ein Gefühl nicht.

02

03

01 Zurückgelegte Ohren, Bellen mit hochschlagendem Kopf und abgeknickte Gliedmaßen sind sichtbare Anzeichen von Frust.

02 Ein trauriger, hoffender Blick auf das begehrte Objekt oder die Person

03 Fiepen, jammern und bettelnde Blicke

STRESS LEG LOS!

Frust löst Stress aus. Immer! Frust ist das Gefühl, das Antrieb gibt, etwas zu verändern. Es ist also genau dann notwendig, wenn der Hund aktiv werden soll.

Stress ist das Aktivierungsprogramm für den Körper. Auch wenn wir Stress umgangssprachlich mit etwas Unangenehmem verbinden, wäre es viel zu platt, ihn so zu bezeichnen. Stress an sich ist kein Gefühl, er hängt sich als Aktivator an Gefühle an. Und dabei ist es ihm egal, ob es angenehme oder unangenehme Gefühle oder ob es physische oder seelische Herausforderungen sind. Stress ist eine rein körperliche Reaktion, die immer dann angeschaltet wird, wenn der Körper oder der Geist vor einer Aufgabe stehen. Also, wenn irgendetwas nicht im Automatikmodus zu bewältigen ist und

Mitdenken oder Kraft braucht: Kälte, Hitze, Schmerzen, Problembewältigung, wichtige Sozialkontakte aller Art und starke Gefühle. Auch Lernen löst Stress aus.
Sobald es emotional wird, ist auch Stress im Spiel. Das kann bei großer Freude, Verliebtheit, Lampenfieber, Angst, Frust oder beim Jagen sein. Wenn der Hund viel rennt und der Körper angestrengt ist, dann löst das genauso Stress aus, egal ob der Hund rennt, weil er ein Kaninchen hetzt oder weil er vor etwas wegrennt. Stress regt an, sodass der Körper zittert, die Atmung schneller wird, der Hund hechelt und bebt und die Muskeln prall angespannt sind.
Stress öffnet die Blutgefäße, macht die Zunge rot, die Pupillen weiten sich, die Augen wirken groß und leuchtend. Die Wahrnehmung ist geschärft, die Ohren aktiv, der Blick suchend oder fokussiert, der Hund wach und aufmerksam. Stress fördert das aktive Wahrnehmen und damit auch das Lernen.
Ja, richtig gelesen! Stress braucht es, um zu lernen, um aufmerksam zu sein und Prozesse im Hirn des Hundes anzuregen. Ohne das richtige Maß an Stress wird nicht gut gelernt. Wird das Stresslevel aber extrem hoch, dann schalten die Fähigkeiten des bewussten Lernens, zum Beispiel von Kommandos oder Tricks, immer weiter ab. Wird der anregende Grad so weit überschritten, dass der Hund in extremen Stress kommt, dann ist das Lernen nur noch auf speziellen Ebenen möglich. Diese sind dann die eher unbewussten und emotionalen Lernerfahrungen und nicht mehr die gezielt angesteuerten Gedanken.

Es gibt also zu wenig Stress, zu viel für bestimmte Lernbereiche und es gibt ungesunden Stress, der in einem sehr hohen Ausmaß sogar das Gehirn schädigen kann. Was aber sicher ist: Stress kann niemals per se als schlecht bezeichnet werden, denn in den allermeisten Fällen ist er gut, notwendig und hilfreich. Nur in extremen Fällen ist er ungesund und schlecht.

Für den Hund jeden Stress vermeiden zu wollen, macht ihn anfällig für diverse psychische Störungen und kann genauso gravierende Folgen haben wie zermürbender Dauerstress. Durch die Auseinandersetzung mit moderatem Stress lernt der Körper, diesen wieder abzubauen. Er sollte dringend im Hundeleben vorkommen und benötigt Erholung als gesunden Gegenspieler.

Wer Stress kennt, der kennt auch Methoden ihn wieder abzuschütteln.

Stressbedingte Übersprungshandlungen sind weder schädlich noch besorgniserregend!

FRUST UND STRESS-REAKTIONEN

Was heißt das nun für unser Thema? Frust ist ein intensives Gefühl. Es wird also auf jeden Fall von sichtbaren Stressreaktionen begleitet. Dazu gehören Hecheln, Schuppen der Haut, Fellabwurf, Speicheln, Muskelzittern, viele ungeordnete Bewegungen, Übersprungshandlungen wie Gähnen, Schütteln, Kratzen oder Ähnliches. Diese Dinge werden zusammen mit der Frustration bei deinem Hund zu sehen sein, mehr oder weniger stark ausgeprägt.

Wichtig für dich ist, dass das gut und richtig ist und zwingend dazugehört. Ist dein Hund nicht mindestens ein kleines bisschen gestresst, dann ist er auch nicht frustriert. Und damit ist eine Übung nutzlos, wenn sie so gestaltet wird, dass der Hund vollkommen stressfrei ist.

Ebenfalls wichtig ist es, dass du weißt, dass das nichts kaputt macht und es den Hund sogar stärkt, denn auch seine Fähigkeit, Stress abzubauen, steigt mit jedem Mal, mit dem er moderatem Stress ausgesetzt wurde.
Ist dein Hund extrem gestresst, hechelt stark, speichelt wie wild und zittert minutenlang am ganzen Körper, dann ist es zu viel und du solltest deine nächste Übung niedriger ansetzen und einfacher gestalten. Beobachte in Ruhe und bleibe ein paar Minuten dabei, falls du denkst, dass es diesen Bereich überschreiten könnte. So schnell machst du nichts falsch. Du kannst dich hier entspannt ausprobieren. Wenn es zu viel oder zu wenig war, machst du es eben nächstes Mal anders.
Nach Übungen, bei denen dein Hund mit Frust und Stress konfrontiert war, braucht er Schlaf, um sich zu regenerieren und neue Kraft zu tanken.

Frustübungen und Erholung durch ruhiges Kuscheln, Dösen und Kauen sollten sich immer abwechseln und gegenseitig ergänzen.

STRESS UND IMPULSIVE REAKTIONEN

Was jetzt etwas kompliziert, aber wichtig ist, ist Stress von impulsiven Reaktionen zu unterscheiden. Würdest du deinen Hund zum Beispiel anbinden und einen Kauknochen, ein Spielzeug, einen anderen Hund oder dich selbst in unerreichbare Nähe legen, dann würde das wahrscheinlich Frust auslösen. Dein Hund würde hinwollen, das Bedürfnis haben, zu der Verlockung ranzukommen. Da er es nicht kann, empfindet er Frust. Wie stark dieser Frust ist, entscheidet seine Fähigkeit der Frustrationstoleranz und wie sehr er die Verlockung als solche betrachtet. In seinem Frust wird er nun vielleicht bellen. Ob er das tut oder nicht, liegt an seiner Impulskontrolle. Bellen ist eine Handlung, die in die Tat umgesetzt wird. Es ist also ein Impuls, der zu einer Aktion führt. Wird die Aktion nicht gebremst, sondern impulsiv ausgeführt, dann zeigt der Hund, dass er seine Impulskontrolle hier nicht nutzt. Gleichzeitig hechelt er, speichelt und schluckt, zittert vielleicht sogar und hat große, leuchtende Augen. Das sind die Stressreaktionen. Auf die hat er keinen Einfluss, da sie rein körperlich sind. Seinen Stress zu regulieren ist Übungssache.

Schütteln und Gähnen KÖNNEN Übersprungshandlungen sein.

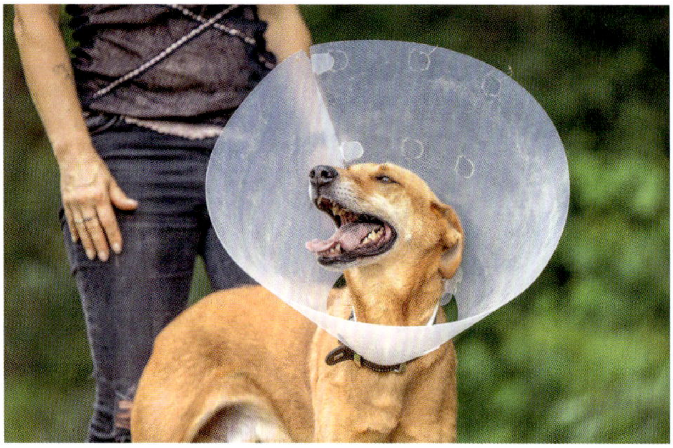

01

02

04

Diese körperlichen Reaktionen zeigen, dass in seinem Gehirn ein Feuerwerk losgeht und der Hund emotional voll involviert ist. Gähnt er zwischendurch und schüttelt sich, dann sind dies stressbedingte Übersprungshandlungen, mit denen der Geist des Hundes sich selbst beruhigt und kleine angenehme Momente schafft, die dem Stress entgegengesetzt werden. Diese Handlungen sind sinnvolle Kompensationsversuche und müssen weder unterbunden werden, noch musst du dir deswegen Sorgen machen. Du kratzt dir auch beim Nachdenken den Kopf.

Übersprungshandlungen sind völlig normale und alltägliche Reaktionen, die jeder Mensch und jeder Hund ständig zeigen und die keinesfalls für eine zwingende Überforderung sprechen. Im Gegenteil, in wirklich extrem stressenden Momenten, in denen der Hund ernsthaft überfordert ist, wird er kaum noch Übersprungshandlungen zeigen. Diese werden eher bei mittlerer oder geringer Stressbelastungen ausgelöst.

Wirkt dein Hund in der Übung gefasst und bellt nicht, zerrt nicht an der Leine, zeigt aber deutliche Stressanzeichen, dann weißt

03

05

du, dass eure Übung bereits begonnen hat und du die Schwierigkeit nicht mehr steigern musst. Messe den Ausschlag der Frustration deines Hundes im Zweifelsfall an seinen Stresssymptomen und richte dich nach ihnen, wenn du die Intensität der Übung bestimmst.

01 Starkes Hecheln mit lang nach hinten gezogenen Maulwinkeln sind Anzeichen von Stress.

02 Stress muss nicht vermieden werden! Er braucht nur genügend Ausgleich durch Erholung.

03 Körperkontakt und ruhiges Streicheln bauen Stress ab.

04 Chillen und Schlafen lösen Stress in Wohlgefallen auf.

05 Ohne ausreichenden Stress kann der Hund schlecht lernen.

WANN ENT-STEHT FRUST?

Frust kommt immer dann auf, wenn ein Bedürfnis nicht erfüllt wird. Ganz wichtig, die Betonung liegt auf dem Wort NICHT.

01

02

Das Bedürfnis wird auch nicht später erst erfüllt, denn es geht nicht um das Abwarten und Daraufhinfiebern, sondern um die Situation selbst, dass der Hund etwas will und nicht bekommt. Das kann alles Mögliche sein. Vielleicht möchte er tatsächlich etwas Gegenständliches haben, wie Futter, ein Spielzeug oder einen Sitzplatz. Es kann aber auch um das Habenwollen von Aufmerksamkeit, Bewegungsfreiheit oder Entscheidungsfreiheit gehen, die eingeschränkt werden. Auch das Tun-Müssen, was der Hund nicht machen möchte, gehört dazu.

Frust ist also sehr weit gefächert und kann ganz klein und leise und ganz wichtig und groß auftauchen, je nachdem, wie innig gewollt das Bedürfnis gerade ist, was hier nicht erfüllt wird. Die Notwendigkeit ermisst dann immer der Hund individuell. Während es den einen Hund maßlos frustrieren kann, dass er an der Leine nicht zu anderen Hunden hinlaufen darf, ist ein anderer Hund einfach froh seine Ruhe zu haben. Die Auslöser für Frust sind also höchst individuell, und man muss immer schauen, ob diese spezielle Situation bei diesem speziellen Hund wirklich Frust auslöst oder nicht. Auch die Intensität hängt nur vom Hund ab und lässt sich nicht pauschal für alle Hunde voraussagen.

03

01 *Ein Bedürfnis nach Kontakt wird nicht erfüllt.*

02 *Etwas nervt und stört und löst so Frust aus.*

03 *Ungewohnte Dinge, die die nicht selbst gewählt wurden, frustrieren.*

Alle Übungen in diesem Buch sollten also ausprobiert werden und dabei genau zugesehen werden, ob sie beim eigenen Hund wirklich für Frust sorgen oder ob sie ihm egal sind. Wie du das einschätzen und sehen kannst, lernst du noch in den kommenden Kapiteln. Dann kannst du die perfekten Übungen für euch raussuchen und weitere entwickeln.

IST FRUST SCHLECHT?

Wir steigen mal direkt ein in die Welt der Gefühle und in diesem Fall auch in die Welt der unangenehmen Gefühle. Negativ oder schlecht ist kein Gefühl, auch wenn wir so einige Gefühle gern vermeiden würden.

01

Jede Emotion hat aber einen tieferen Sinn und soll weder uns noch unsere Hunde ärgern oder quälen, sondern dafür sorgen, dass wir so handeln, dass das Leben besser wird. Das Gehirn hat beachtliche Fähigkeiten, Emotionen zu entwickeln, zu verarbeiten und zu nutzen, um den Körper in Schwung zu bringen. Und die unangenehmen Gefühle sind da mindestens genauso wichtig, wie die beliebten. Denn mit ihnen allen zusammen passen wir unser Verhalten an die Umwelt und an andere Lebewesen an, sodass Grundbedürfnisse befriedigt werden können. Körperliche Bedürfnisse sind solche Dinge wie: Nahrung, Luft und Schmerzfreiheit

02

und seelische Bedürfnisse sind die Suche nach Anerkennung, Liebe und Respekt, Selbstverwirklichung, Autonomie und auch nach Aufgenommen sein in der Gruppe. Nicht nur jeder Mensch ist anders und verhält sich etwas anders oder legt mehr Gewicht auf das ein oder andere Bedürfnis, auch unsere Hunde sind unterschiedlich und einzigartig und dann doch in den Grundlagen sehr ähnlich. Ich werde später noch etwas zur Persönlichkeitsenwicklung schreiben, denn die Frustrationstoleranz eines Lebewesens hat einen signifikanten Einfluss auf das Erleben und alle Reaktionen und beeinflusst damit die Charaktermerkmale.
Aber erst einmal zurück zu den Gefühlen, die wir mögen und die wir nicht mögen. Frust fühlt sich unangenehm an. Er ist aufwühlend und aufrüttelnd. Ein unruhiges Gefühl, etwas das antreibt und brennt. Der aktivierende Charakter des Frusts ist deutlich zu spüren, wenn man selbst frustriert ist. Und genau da liegt die heimliche Stärke in dem Gefühl. Es treibt dazu an etwas zu verändern. „Tu was, sofort! So geht es nicht weiter!" Das ist es, was Frust einem aufträgt, und sofort beginnen Körper und Geist nach Lösungen zu suchen, die Situation zu verändern. Der Auftrag des Frusts kann so penetrant sein, dass man sich sogar überwindet über seine Komfortzone hinauszugehen. Ohne ein anständiges Maß an Frust würden wir nie den ungeliebten Job kündigen und endlich unser berufliches Glück finden. Wir hätten uns auf der Bequemlichkeit ausgeruht. Mit dem Maß an Wut und Kampfbereitschaft der Frustration erfechten wir uns neue, bessere Möglichkeiten, für die wir sonst kein Risiko eingegangen wären. So hat die Natur wirklich schlau geplant. Denn mit dem unangenehmen, aber wirkungsvollen Frust im Nacken sind wir bereit weiter nach vorn zu kommen.
Erst wenn es wirklich nicht mehr weitergeht, haben wir ein neues Problem und damit auch unser Gehirn. Ist das Problem einfach nicht zu bewältigen, dann braucht es eine neue Strategie. Der Antrieb muss wieder weg, denn sonst würde sich das Gehirn daran aufreiben etwas zu ändern, was nicht zu ändern ist und akzeptiert werden muss. Für diesen Moment hat die Natur die Frustrationstoleranz entwickelt, die wie eine Art Bremse auf den Motor des Frusts wirkt und ihn immer schwächer macht. Am Ende soll dann dabei herauskommen, dass Frust nur noch empfunden wird, wenn es wirklich sinnvoll und notwendig ist, um sehr grundlegende, lebensverändernde Dinge anzugehen, und nicht bei jeder Kleinigkeit der aktivierende Frust-Motor angeworfen wird.

03

01 Es gibt ein sichtbares Bedürfnis, der Hund will hin.

02 Er versucht sein Bedürfnis durchzusetzen.

03 Die Erkenntnis es nicht zu schaffen löst Bellen und Fiepen aus. Ein sehnsüchtiger Blick und der erhobene Kopf zeigen die Frustration. Die wedelnde Rute verrät die Aufregung, keine Freude.

HUNDE, MENSCHEN UND GEHIRNE

Da unsere Hunde ein nahezu identisch aufgebautes Hirn wie wir Menschen haben, maße ich mir an, diese Gehirne völlig ungeniert miteinander gleichzusetzen.

Alle bisherigen Forschungen weisen darauf hin, dass Hunde mindestens sehr ähnlich, wenn nicht identisch wie wir fühlen und reagieren, und dass am Ende das Gehirn eines Säugetiers immer einfach „nur" das Gehirn eines Säugetiers ist. Dass Hunde und Tiere allgemein fühlen und Emotionen wahrnehmen, sollte unter uns Hundemenschen eine selbstverständliche Annahme sein, und auch die Wissenschaft kommt langsam, aber sicher auf den Trichter, dass Tiere tatsächlich Gefühle haben.

MENSCH UND HUND

Mensch und Hund haben aber noch viel mehr Ähnlichkeiten, weswegen ich immer wieder Bezug auf unser Leben und Verhalten nehmen werde. Denn wir beide sind hochintelligente Lebewesen, die in engen sozialen Strukturen und Familienverbänden leben. Wir kommunizieren sehr differenziert über Körpersprache, Ausdrucksverhalten und Lautäußerungen. Wir haben beide eine ausgeklügelte Mimik, in der man Gefühlsregungen schnell und zuverlässig ablesen kann. Kooperationswillen, Empathie, eine extreme Anpassungsfähigkeit und emotionale Intelligenz verbinden uns zusätzlich. Selbst die Art, wie der Hund seine Gefühle ausdrückt, lässt sich in den größten Teilen eins zu eins auf die körpersprachlichen Ausdrücke des Menschen übertragen.
Auch die Selbstregulation und das Anpassen unserer Handlungen und Emotionen sind Fähigkeiten, die wir teilen. Ich persönlich denke ja, dass wir genau deswegen so eng mit dem Hund verbunden sind, der mit weitem Abstand das älteste Haustier aller Zeiten ist und schon als Freund und Begleiter mit uns zog, als sämtliche Haus- und Weidetiere noch nicht mal vorstellbar in unserer Nähe waren.
Hunde und Menschen sind sich mehr als ein bisschen ähnlich und die Übertragung vieler Annahmen ist durchaus logisch nachvollziehbar. Trotzdem ist der Hund kein Mensch. In seiner Art Dinge zu bewerten, was er gut findet und was nicht, oder welche Vorstellungen er vom Leben hat, kann sich der Hund sehr vom Menschen unterscheiden. Insbesondere unsere moralischen Vorstellungen oder unsere politischen, sozialen oder andere moderne Errungenschaften sind für Hunde nicht immer nachvollziehbar.

Wenn wir uns einen Welpen zulegen, übernehmen wir die Aufgabe seiner Persönlichkeitsentwicklung.

Hunde kümmern sich zwar um andere Hunde oder auch um Menschen, aber sie geben sich offenbar nicht die Schuld für die Versäumnisse anderer. Jeder sorgt für sich und ist für sich verantwortlich. Einem Hund geht die Welpenzeit eines anderen Hundes am pelzigen Allerwertesten vorbei, wenn dieser sich danebenbenimmt, bekommt er genauso Ärger wie jeder andere auch.

Hunde werfen sich und uns viel weniger vor und machen sich einfach viel weniger Gedanken darum, wieso jemand etwas tut, was sein tiefliegender, innerer Antrieb dazu sein könnte oder was ihm schwerfällt. Sie fragen nicht nach Lebensgeschichten und Möglichkeiten, sie fordern oder lassen es sich egal sein. Sie maßregeln direkt und verständlich.

Dass nicht jeder Hund Lust auf Kontakt hat, muss akzeptiert werden, trotz Frustration.

Erst nach vielen Wiederholungen kann der Hund überall entspannen.

Während wir im Umgang anders sind und gern die Hintergründe eines Verhaltens nicht nur genau wissen, sondern auch in den Prozess der Erziehung mit einfließen lassen, erwartet der Hund, dass man seinen Ansprüchen nachkommt. Auch wenn es für den einen schwerer ist als für den anderen. Ausreden lässt er nicht gelten.

Wir sollten uns unsere Art hierbei dringend erhalten und das Erkennen und Einbeziehen von Hintergründen und persönlichen Fähigkeiten eines Hundes mit beachten und achten! Und gleichzeitig sollten wir uns ein bisschen vom Hund abgucken, denn unsere Ansprüche sind oft maßlos niedrig und so weit unten angesetzt, dass dem Hund nicht mehr geholfen, sondern er in seiner Entwicklung geradezu willentlich ausgebremst wird. Insbesondere im Bereich der Frustrationstoleranz sehe ich bei Hunden riesige Defizite, die unnötig wären. Die sinkenden Ansprüche und Anforderungen schaffen ein Bild unserer Hunde, das ihnen nicht gerecht wird, und die allermeisten spielen weit unter ihren potenziellen Möglichkeiten.

Der sprichwörtliche „tiefenentspannte" Hund, der fast überall mit hinkann und souverän und stressfrei durchs Leben geht, dürfte nicht die Ausnahme, sondern könnte die Regel sein, wenn wir den Hunden nicht so oft aktiv im Weg stehen würden. Vielleicht klingt es ein bisschen fies, aber tatsächlich erlebe ich in meinem Berufsalltag selten, dass Hunde ihrem Können angemessen gefördert werden, mit Frust umzugehen, dafür leider oft, dass sie von jedem kleinen Frust ferngehalten werden und so unterdurchschnittlich schlecht ausgestattet durch die Welt laufen müssen. Mein persönlicher Anspruch ist aber auch besonders hoch. Und irgendwo dazwischen liegt wie immer die Wahrheit. Finde den richtigen Mittelweg für dich und dein Leben!

IST IRGENDWER NIE FRUSTRIERT?

Nein. Niemals Frust zu empfinden wäre eine Verhaltensstörung und auch nicht gut.

Frust überhaupt nicht zu kennen würde bedeuten, dass man keine Bedürfnisse hat und einem alles gleich ist. Egal wie bemüht man sein mag, irgendwann kommt immer der Punkt, an dem ein Bedürfnis mal nicht erfüllt werden kann. Und spätestens da müsste auch mal Frust aufkommen.

Was allerdings passieren kann und ja wünschenswert wäre, ist das Abdämpfen übermäßiger Frustausbrüche bei Kleinigkeiten. Niemals Frust zu empfinden ist nicht das Ziel. Aber so wenig wie möglich, so kurz wie möglich Frust zu empfinden, ist ein gutes Bestreben. Und auch mit dem Gefühl umgehen zu können, Strategien zu entwickeln, den Frust wieder „herunterzukochen" und Fähigkeiten sich trotzdem angemessen zu benehmen und nicht auszurasten. Und genau das können Hunde (und Menschen) lernen und ausbauen.

Was den Hund frustriert, liegt daran, wie wichtig ihm das individuelle Verlangen ist.

WAS IST FRUSTRATIONS-TOLERANZ?

Nachdem geklärt ist, was Frust ist, und wann er entsteht, kommen wir zur Frustrationstoleranz.

FRUSTRATIONS-TOLERANZ MACHT GUTE LAUNE

Frustrationstoleranz heißt weniger oft, weniger stark ausgeprägt und weniger lange anhaltend Frust zu empfinden. Es bedeutet NICHT ihn aushalten zu können! Es heißt ihn gar nicht erst zu fühlen. Das ist viel angenehmer als das pure Ertragen. Das ist auch der Grund, weswegen das Erarbeiten einer hohen Frustrationstoleranz vor allem dem Hund direkt nutzt und ihn zufriedener und glücklicher macht. Er muss sich einfach seltener und weniger über Widrigkeiten des Alltags ärgern.
Das hat Auswirkungen auf alle sozialen Kontakte zu anderen Hunden, ob er sich schnell bedrängt und gestört fühlt, ob er

Faires und durchdachtes Verhalten im Konflikt kommt mit der steigenden Frustrationstoleranz.

01

02

01 Dass es mal unangenehm wird, lässt sich im Leben nicht vermeiden. Mit Frustrationstoleranz kann man es aushalten.

02 Kommandos durchzusetzen kann bei Hunden mit schwacher Frustrationstoleranz zu Aggressionen führen. Nicht direkt zu schnappen, auch wenn es einem nicht gefällt, liegen zu müssen, geht nur, wenn der Hund mit seinen Gefühlen klakommt.

schnell aus der Haut fährt und in Konflikte kommt, aber auch, ob er schnell unsicher wird und Angst hat. All das hat mit der Frustrationstoleranz direkt zu tun. Natürlich hat das dann auch Einfluss auf die typischen Erziehungsthemen. Damit klarzukommen, an der Leine laufen zu müssen, zu sehen, wie andere Hunde vorbeigehen, allein bleiben, mitkommen im Alltag, ins Restaurant, zur Arbeit oder zu Seminaren, nicht jagen zu gehen, obwohl es so gut nach Hasen riecht, und wiederzukommen, obwohl eine Ablenkung lockt. Frustrationstoleranz beeinflusst das gesamte Verhalten und Lernen, die Erziehungsmöglichkeiten und Kompatibilität mit dem Alltag. Hunde mit guter Ausstattung sind geduldiger, souveräner, friedlicher, weniger ängstlich und konzentrierter. Sie sind ruhig, im Sinne der seelischen Ruhe. Sie fallen durch gute Laune auf, sind zufrieden mit der Welt und wirken auch genauso.

FRUSTRATIONSTOLERANZ IM VERLAUF DES LEBENS

Während des Hundelebens kommt es zu einer natürlichen Verlaufskurve der Selbstregulationsfähigkeiten.

WELPENZEIT

Welpen kommen mit einer vergleichsweise guten Frustrationstoleranz zur Welt. Sie sollen erkunden und Erfahrungen sammeln und dafür brauchen sie viel Neugier. Eine unangenehme Erfahrung soll sie nicht gleich davon abhalten etwas zu versuchen und sie brauchen gute Laune. Deswegen stehen sie mit ihrer Resistenz gegen Frust zwar lange nicht so gut da wie ein erwachsener Hund, aber immer noch besser als ein Hund in der Pubertät.
Ihre Impulskontrolle dagegen ist niedrig, sie handeln naiv und intuitiv und probieren alles aus, genau richtig für einen Welpen. Mit dieser fröhlichen Offenheit kann am besten alles kennengelernt werden, was sehr junge Hunde brauchen, um später angstfrei und selbstbewusst zu sein.

Der Lauf des Lebens und gute Begleitung durch Erziehung lassen Erfolge sehen.

PUBERTÄT

In der Pubertät, also ungefähr im Alter zwischen vier Monaten und drei Jahren, sinkt die Frustrationstoleranz dann plötzlich ab. Dinge, die in der Welpengruppe bereits prima geklappt haben, funktionieren plötzlich nicht mehr und zusätzlich schwindet auch noch die Impulskontrolle. Der Hund wird reaktiver, zeigt plötzlich Ängste und Aggressionsverhalten, rennt zu anderen Hunden, jagt oder springt fremde Menschen an.

Dieser Verlauf ist völlig normal. Hier heißt es dranbleiben statt auszuweichen, mit einem Kopfsprung rein in die Welt der Konflikte, überschäumenden Emotionen und Lernmöglichkeiten.

Die Pubertät ist mindestens so wichtig für den Rest des Lebens wie die Welpenzeit, in einigen Punkten sogar noch wichtiger. Während die meisten Menschen in Welpengruppen gehen und sich um das Aufwachsen des kleinen Hundes sehr bemühen, wird der darauffolgenden Zeit zu wenig Wichtigkeit beigemessen. In diesem Lebensabschnitt geht es viel darum, zu verbieten, sich auch mal unbeliebt zu machen und Regeln durchzusetzen, genau wie bei uns Menschen. Hunde suchen hier die soziale Reibung und provozieren sogar oft, da sie Antworten suchen. Sie brauchen hier einen Menschen an ihrer Seite, der sie liebt, wie sie sind, und gleichzeitig ganz klar vermittelt, dass es bestimmte Richtlinien im Leben gibt, an die sich der Hund halten muss, auch wenn nicht alle Spaß machen.

ERWACHSENSEIN

Dann kommt die Zeit des Erwachsenseins, die längste Phase des Lebens. Wurde gut vorgearbeitet und in Welpen- und Junghundezeit Kraft und Energie auf den Ausbau der Selbstregulation gelegt, dann ist man hier fein raus. Auf einmal klappt alles, viele störende Verhaltensweisen verschwinden einfach wieder und der Hund ist ein souveräner, fröhlicher und angenehmer Begleiter, der nirgends unangenehm auffällt und auch mit den kleinen Widrigkeiten des Alltags klaglos zurechtkommt.

Hier ist die Frustrationstoleranz auf dem höchsten Niveau des Lebens. Was das individuell bedeutet, liegt nun an der geleisteten Vorarbeit und auch an der Genetik des Hundes.

Mit Drama und übertriebenem Missfallen bei einem einfachen Kommando …

… macht sich der Hund das Leben unnötig schwer.

SENIORENALTER

Wird der Hund sehr alt und langsam etwas dement, dann baut die Frustrationstoleranz durch den Zerfall des Gehirns wieder ab. Auf einmal kann der alte Hund vielleicht nicht mehr stressfrei im Auto fahren, obwohl er das immer getan hat, oder hat plötzlich ein Problem mit dem Alleinsein. Auch seine Impulskontrolle sinkt wieder. Er klaut vielleicht etwas vom Tisch, was er das letzte Mal vor zehn Jahren getan hatte, oder schnappt unverhofft, wenn ihm irgendetwas nicht passt.

Diesen Verfall des bremsenden Stirnhirns kann man leider nicht aufhalten. Das Alter ist nicht zu stoppen, aber man kann versu-

Der Welpe will ganz viel und muss erst lernen, dass das allein kein Grund ist, alles zu bekommen. Lernt er es nicht in dieser Zeit, dann wird es immer schwerer für ihn.

chen, den Prozess möglichst zu verlangsamen. Hier gelten dieselben Tipps wie für das gesunde Altwerden eines Menschen: gesunde, frische Ernährung, Bewegung und frische Luft, viele Eindrücke und Erlebnisse, gleichzeitig viel Erholung und Ruhe und natürlich möglichst gute Lebensumstände, ein liebendes Umfeld und keinen Dauerstress.

Ich persönlich würde kein Training an der Selbstregulation mehr mit einem Hund starten, der sein ganzes Leben lang nicht gefördert wurde oder immer unkompliziert mitgelaufen ist und dann im hohen Alter plötzliche „Macken" zeigt. Hunde die zwölf, vierzehn oder sogar älter sind sollten über Management geführt werden und beginnende Demenz als Teil des Alterns akzeptiert werden.

Die Motivation richtig los zu legen und seinen Hund bestmöglich zu fördern sollte in diesem Fall dem nächsten Hund zugutekommen, während der alte, graue Senior seine Ruhe vor uns verdient hat.

Training lässt sich ganz einfach in den Alltag integrieren und ist mehr als eine Schulstunde.

DAS ECHTE LEBEN

Abwarten ohne Kommando und ohne etwas dafür zu erwarten, unterscheidet echte Geduld von dressiertem Stillhalten.

Wer geduldig ist kann überall mit hin und die Nähe zu seinem Menschen öfter genießen.

EIN GUTES PFERD SPRINGT NUR SO HOCH, WIE ES MUSS

Frustrationstoleranz zu haben und sich zu benehmen sind zwei verschiedene Dinge.

Es gibt Hunde, die durchaus sehr viele Möglichkeiten haben, sie aber nicht zeigen, weil sie es nicht müssen. Sie haben gelernt, dass sie sofort bekommen, was sie wollen, wenn sie einfach quengeln und drängeln, hätten aber gar kein Problem damit, ihr Bedürfnis nicht erfüllt zu bekommen. Da ihre Menschen aber nie Ansprüche gestellt haben, wissen sie oft gar nicht, was in dem Hund steckt und wo es tatsächlich fehlende Frustrationstoleranz ist, und wo einfach nur eine blöde Angewohnheit gelernt wurde.

Vielleicht wirst du überrascht sein, wie viel dein Hund eigentlich kann, wenn er mal zeigen muss, was er zu bieten hat. Oder du bist geschockt, mit welchen Kleinigkeiten er auf die Palme zu bringen ist. Manche Hunde können sich ernsthaft mehrere Stunden darüber aufregen nicht an einen Kauknochen zu kommen, obwohl sie satt und gefüttert sind und es nur um die Lust auf eine Leckerei geht. Wenn ein erwachsener Hund eine halbe Stunde lang jammernd und winselnd an der Leine zerrt, die ihn von einem

Frustrationstoleranz und Impulskontrolle zusammen sorgen für angenehme Anpassung ohne Stress.

trockenen Kauknochen abhält, vor dem er mit vollem Magen liegt, dann ist das besorgniserregend. Ein Welpe kann schon mal so anfangen oder ein Junghund in der Teenagerzeit, der sehr verfressen ist und sich gerade aufgrund der hormonellen Umstellung nicht im Zaum hat. Aber für ein erwachsenes Lebewesen wäre das ein alarmierendes Ausmaß an nicht erlernten Fähigkeiten. Leider passiert das so oft, dass viele es schon als normal ansehen, das ist es aber keinesfalls. Um einen gut gestärkten, erwachsenen Hund, der von der Welpenzeit an ausreichend in Frustrationstoleranz geübt wurde so aus der Fassung zu bringen, sollte man schon richtig viel in die Waagschale werfen müssen. Alles andere sollte maximal für ein genervtes Gesicht, ein Ächzen oder ein missmutiges Hinnehmen sorgen.

Schmerzhafte Dinge lassen sich nicht schönreden. Da hilft nur Frustrationstoleranz.

IST EIN HUND DANN GUT ERZOGEN?

Frustrationstoleranz gehört in den Bereich der Erziehung. Sie formt die Persönlichkeit und nimmt Einfluss auf grundlegendes Denken, Fühlen und Handeln.

Das Erlernen von Grundkommandos und Kunststücken ist die sogenannte Dressur. Sie kann dazukommen und hat ihre Berechtigung im Zusammenleben, kann aber fehlende Erziehung nicht ausgleichen. Während Kommandos zu erlernen keinen Einfluss auf soziale Kompetenzen hat, ist Erziehung das, was den Hund beeinflusst sein Handeln abzuwägen und anzupassen. So kann ein Hund hundert Kommandos kennen und ausführen, aber gleichzeitig ziemlich inkompetent im sozialen Leben, der Kommunikation und dem selbstständigen Handeln sein.

Frustrationstoleranz beizubringen gehört zur Erziehung und damit in den Bereich der bewussten Einflussnahme auf die Sozialisierung. Sie verändert den Charakter des Hundes. Der Hund, der sie hat, kann besser lernen sich angepasst zu verhalten, hat mit dem Ausführen von Kommandos weniger Probleme und kann selbstständig schlaue Entscheidungen treffen. Das heißt aber nicht im Gegenzug, dass er besonders gehorsam wäre.

Abwarten, ohne etwas dafür zu bekommen, sollte in jeder Hundeschule eine Standardübung sein.

Es heißt nicht einmal, dass er besonders verträglich sein muss, im Sinne einer andauernden Freundlichkeit anderen Hunden oder Menschen gegenüber. Auch ein Hund mit einer hohen Frustrationstoleranz kann in Konflikte geraten oder sein eigenes Ding machen und sich nicht darum scheren, was der Mensch will. Sich anpassen zu können heißt nicht, dass man es auch freiwillig tut. Und je frustrationstoleranter der Hund ist, desto weniger ist er aus der Ruhe zu bringen. Er wird weniger manipulierbar in alle Richtungen. Egal ob Lob oder Strafe, der frustrationstolerante Hund stört sich weniger an der Strafe und kann gut auf das Lob verzichten, da er auch ohne das zufrieden ist.

Mit dem Fördern der Selbstregulation geben wir unseren Hund ein Stück frei und gönnen ihm eigene Zufriedenheit und Unabhängigkeit. Wir tun es in erster Linie für ihn und sein Lebensglück. Wir selbst nehmen uns damit das mächtige Werkzeug, den Hund von uns möglichst abhängig zu machen, und müssen nun mehr eigene Kompetenz zeigen und aufbauen, um das auszugleichen.

Die Arbeit an der Erziehung, das Durchsetzen von Regeln und Grenzen und das Trainieren von Kommandos bleiben durch eine bessere Frustrationstoleranz also nicht aus, sondern fallen nur auf einen entspannteren, fähigeren Boden. Wer seinen Hund möglichst naiv, abhängig, unselbstständig und kindlich haben mag, der wird bei steigender Frustrationstoleranz und Eigenkompetenz des Hundes seinem Selbstwert anderweitig einen Push geben müssen. Dafür ernten wir für diese Arbeit das gute Gefühl, unserem Hund das Beste gegeben zu haben, was möglich ist, und ihn in jedem einzelnen Moment seines Alltags langfristig zu stärken und alles, was ihm Unangenehmes jemals widerfahren mag, ein bisschen aushaltbarer zu machen. Und was könnte uns mehr am Herzen liegen als das?

Was wir für ein gutes Benehmen des Hundes zusätzlich situativ einfordern müssen, ist die Impulskontrolle. Dazu komme ich später. Erst in der Verbindung beider Fähigkeiten ergibt sich das, was wir einen rundherum coolen und gut erzogenen Hund nennen.

Dabei sein zu können ist für soziale Lebewesen wichtig.

Hat er sie einmal erworben, kann der Hund überall auf seine Fähigkeiten zurückgreifen.

Streit geht auch mit Frustrationstoleranz – nur fairer und ruhiger.

WIRD MEIN HUND MIT FRUSTRATIONSTOLERANZ LANGWEILIG?

Manche Menschen haben Angst, dass Gelassenheit gleichzusetzen ist mit Schläfrigkeit. Aber das ist falsch.

Ein Hund mit hoher Frustrationstoleranz ist nicht automatisch stiller oder weniger aktiv. Er ist einfach fröhlicher und gut gelaunter. Der frustrationstolerante Hund kann also entweder ein besonders witziger und wacher Typ sein, der immer Spaß hat und dem nichts die Laune verhagelt – ein gutgelaunter Wirbelwind, der sich das Leben schön macht. Oder er ist ein sehr sanfter, ruhiger, Sonnenschein, der alles nimmt, wie es kommt, und in jeder Situation klarkommt und das Beste aus allem macht. Er begleitet dich unauffällig und mit einem inneren Lächeln überall hin und stört sich an nichts. Bei Menschen würde man von einer positiven Lebenseinstellung und einem sonnigen Gemüt sprechen. Jemanden, der optimistisch, freundlich und immer bester Laune ist. Das heißt nicht, dass man niemals in Konflikte kommt.

Im Gegensatz dazu macht eine schlechte Frustrationstoleranz misstrauisch, ängstlich, schnell gestresst und oft verärgert. Ein Hund mit schlechter Frustrationstoleranz ist auffällig oft ungeduldig, angespannt und sichtbar oder hörbar unzufrieden. Er reagiert entweder aggressiv, ängstlich oder auch überfröhlich und unangemessen aufgeregt. Er ist schnell mit einer Situation überfordert und gestresst. Neue Umgebungen machen ihn nervös, Kontakte zu Menschen und Hunden sind entweder abwehrend und vermeidend oder unkontrolliert und unangepasst. Er ist oft mäkelig mit dem aktuellen Umstand, Wetter oder Anspruch, selbst wenn die Situation objektiv betrachtet keine große Herausforderung sein dürfte. Meistens gehen Hunde mit schlechter Frustrationstoleranz anderen Hunden und Menschen auf die Nerven und lösen abwechselnd Augenrollen oder Mitleid aus.

01 Auch wenn man nicht alles hat, kann man das, was man hat, genießen.

02 Sich in Tempo und Richtung anzupassen, bedarf immer auch Frustrationstoleranz.

01

02

WIE BEKOMMT DER HUND FRUSTRATIONSTOLERANZ

Ohne Frust kann sich keine Frustrationstoleranz entwickeln! Eine Umbewertung braucht Zeit und Wiederholung.

FRUSTRATIONSTOLERANZ BRAUCHT FRUST

Frustrationstoleranz kann ausschließlich durch das Erleben und das selbstständige Verarbeiten und Umbewerten von Frust entstehen. Das bedeutet, dass der Mensch den Frust erstens zulassen und zweitens nicht beseitigen darf. Die Situation muss zwingend frustrierend bleiben und sich nicht von außen verbessern und der Hund braucht ein angemessenes Zeitfenster, um seine Aufregung und seinen Ärger herunterkochen zu können. **Frustration beginnt dann, wenn der Hund davon ausgeht, dass sein aktuelles Bedürfnis nicht erfüllt wird.** Das kann ein Bedürfnis nach Futter, Aufmerksamkeit, freier Bewegung, Kontakt zu anderen Hunden oder sonstiges sein.

UMBEWERTUNG DER SITUATION

Die Umbewertung findet statt, wenn der Hund offensichtlich anerkannt hat, dass seine Wünsche auch durch Bemühungen nicht befriedigt werden. Die Akzeptanz der frustrierenden Situation macht sich am

Frust ist sichtbar an Mimik, Lautäußerungen und Stressreaktionen.

Solange der innere Kampf noch sichtbar ist, ist noch nicht genügend Hemmung erreicht.

Diese Anzeichen der Akzeptanzentwicklung treten meist wellenförmig und nicht kontinuierlich ein. Es wird also erst etwas ruhiger, dann wieder aufgeregter, dann ruhiger. In der Tendenz wird es aber immer besser und die Kurve der Aufregung und Frustration sinkt weiter ab. **Jede Übung an der Frustrationstoleranz sollte diesem Muster folgen, um sicherzugehen, dass eine langfristige Umbewertung stattfindet. Der Hund sollte dabei auf der Akzeptanzkurve mindestens auf der Hälfte des maximalen Ruhezustandes angekommen sein, bevor die Übung als nützlich gewertet werden kann.** Nicht nützliche Übungen, die diese Bedingung (noch) nicht erfüllen können, sollten so lange vermieden werden, bis alles Leichtere keine Frustration mehr beim Hund auslösen kann. Zu konkreten Übungsvorschlägen verschiedener Schwierigkeitsgrade kommen wir noch.

Verhalten sichtbar, indem der Hund aufhört zu versuchen, die Lage zu verändern oder zu beeinflussen. Er findet sich damit ab, wie es ist. Er versucht, sich auch nicht mehr abzulenken, betont aufmerksam etwas anderes zu tun, was ihm Spaß macht, und zeigt keine körperliche Aktivität und Bewegungsdrang mehr. Während der Umbewertung seufzen und stöhnen Hunde oft und regulieren damit hörbar ihre Atmung zurück auf den Ruhezustand. Die Muskulatur entspannt sich, aufmerksames Schauen oder Horchen und auch die Kontaktaufnahme dem Menschen oder anderen gegenüber wird eingestellt. Der Hund zeigt kein aufmerksamkeitsheischendes oder aufforderndes Verhalten. Er setzt sich und legt sich hin, und wenn er komplett entspannt, schläft er sogar irgendwann ein.

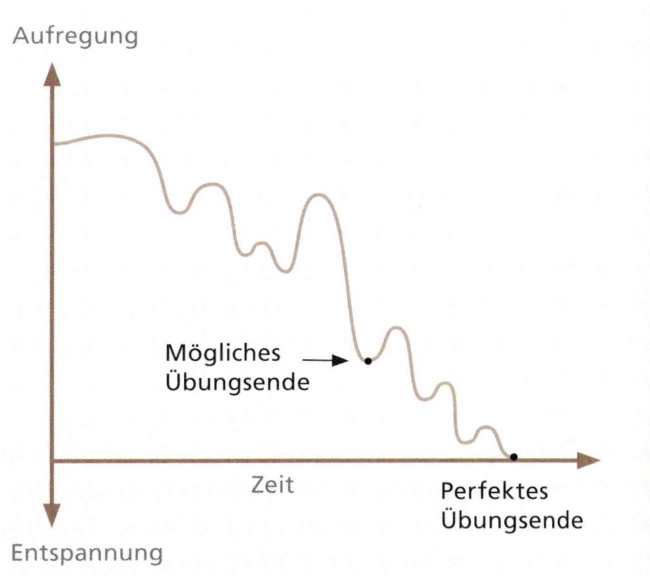

Akzeptanzkurve: Entspannung entwickelt sich wellenförmig.

WARUM FRUSTRATIONS-TOLERANZ ERWORBEN WIRD UND NICHT BEGRIFFEN

Frustrationstoleranz ist eine Basisfähigkeit. Wer sie hat, der hat sie. Man kann sich nicht entscheiden frustrationstolerant zu sein.

Ein Reiz oder Bedürfnis wird zwar mehr oder weniger locken und der Hund dementsprechend unterschiedlich frustriert sein, wenn er diesem nicht nachgehen darf. Er hat aber nicht unterschiedliche Frustrationstoleranzen je nach Situation. Was sich ändert, ist nur die Intensität der Verlockung. Dass man unterschiedlich stark frustriert ist, je nach Auslöser, ist normal. Auch dich würde eine gute Frustrationstoleranz vielleicht davor schützen, dich über eine geplatzte Safttüte in der Küche zu sehr aufzuregen. Du könntest herzhaft über deine Tollpatschigkeit lachen. Vor dem Traualtar stehengelassen zu werden, würde dich aber sicherlich anders berühren, weil diese Situation einfach wichtiger für dein Leben ist, als die mit dem Saft.

Ist deinem Hund etwas sehr wichtig, dann wird er in dieser Situation intensiver frustriert sein, als wenn es ihm nicht so wichtig ist. Eine gute Frustrationstoleranz heißt ja wie schon geschrieben nicht, dass der Hund niemals frustriert wäre. Er wird es nur nicht durch jede Kleinigkeit, sondern nur durch Dinge, die ernsthaft relevant für sein Leben sind. Und dann weniger stark und weniger lange als andere es wären. Die Anwendung der Fähigkeit wird dabei nicht bewusst oder gewollt angesteuert. Der Hund nutzt seine Frustrationstoleranz, entscheidet sich aber nicht kognitiv dafür. Er versteht nicht und wählt nicht, sondern kann es oder kann es eben nicht aushalten, dass es gerade nicht läuft wie gewünscht.

Das ist der grundlegende Unterschied zu dem, was wir normalerweise mit Lernen meinen. Der Hund begreift nicht aktiv denkend, dass es sich nicht lohnt, sich aufzuregen, und er bestimmt auch nicht gewollt, dass es ihn jetzt nicht mehr stört. Er härtet ab gegen den Frust, und ganz ohne jedes Begreifen und Verstehen wird es einfach durchs Machen immer besser und leichter. Wie ein Muskel der aufgebaut wird. Es ist egal, ob man weiß, wie der Muskel heißt und was man tun muss, um ihn anzuspannen. Wer täglich ein paar Hanteln stemmt, der kann sich gar nicht dagegen wehren, dass der Muskel wächst. Er tut es einfach. Und wenn er erstmal da ist, dann kann man plötzlich nicht nur eine bestimmte Sache wie Plastiktüten besser heben, sondern auch Kartons und vieles andere. Man muss nicht mit einzelnen Kartons aus verschiedenen Materialien trainieren. Man hat die Muskeln, egal womit man sie antrainiert hat.

Frustrationstoleranz ist wie ein Muskel im Gehirn. Es ist egal, mit welchen frustrierenden Situationen er trainiert wird. Es reicht, zum Üben eine große Auswahl an unterschiedlichen Situationen zu bieten, die den Muskel aufbauen. Es braucht nicht alle im Leben denkbaren Situationen, sondern nur einen guten Grundstock. Ob der Hund seine Frustrationstoleranz nutzt, liegt daran, was wir ihm abverlangen und im Alltag erwarten. Ist dein Hund schlecht ausgestattet, dann kann er bestimmte Dinge einfach nicht leisten, auch wenn er versteht, was du möchtest. Ihm fehlen dann die Muskeln. Genau wie ein echter Muskel wächst die Frustrationstoleranz nicht über Nacht, sondern braucht ständige Wiederholung, bis man einen deutlichen Unterschied sieht. Bis der Muskel richtig stark und bemerkenswert ist, muss dann schon über ein paar Jahre konsequent trainiert werden. Denk mal daran, wie lange es bei uns Menschen dauert, bis wir in Situationen locker bleiben können, in denen wir als Teenies oder sogar Kinder völlig ausgerastet wären. Mit dem Älterwerden kommt immer mehr Gemütsruhe dazu. Was uns schult und stärker macht, ist die Länge des Lebens und damit die Summe der täglichen kleinen und großen Frusterfahrungen. Je mehr Situationen wir bewältigen, die schwierig und anstrengend sind, desto gelassener werden wir insgesamt, ohne dass wir es beschließen oder entscheiden, es ist einfach ein Prozess, der sich vollzieht.

Tatsächlich ist die Stelle, in der die Frustrationstoleranz (und auch die Impulskontrolle) sitzt, etwas, was man im Gehirn sehen kann. Die Strukturen dort werden durch Nutzung fester, die graue Masse dichter und besser versorgt. Der Aufbau dieser „Hardware“ des Hundes ist harte Arbeit für den Körper. Lauter kleine Eiweiße müssen dafür ins Gehirn transportiert und aneinandergeheftet werden, die Struktur muss wachsen wie eine Pflanze. Bleibe geduldig beim Beibringen und denke immer daran, dass dein Hund sich nicht aussuchen kann, wie schnell diese Strukturen wachsen, sondern den natürlichen Begrenzungen der Hirnentwicklung unterworfen ist. Du wirst stetige und langsame Besserung sehen und bemerken und in ein paar Wochen schon an einer ganz anderen Stelle stehen als heute.

Halten, ruhig bleiben und Ruhe vorleben zeigen Wirkung.

Für viele Menschen ist nur abzuwarten die schwerste Übung.

WESHALB MAN HIER NICHT LOBEN KANN

Frustrationstoleranz ist nichts, was begriffen wird. Sie kann nicht gelobt werden, weil der Hund sich nicht dafür entscheiden kann.

Es ist wichtig zu verstehen, dass Frustrationstoleranz vom Hund nicht absichtlich gefühlt werden kann. Er vermag sich nicht dazu zu entschließen, es zu können. Deswegen kann sie auch nicht gelobt werden! Das ist wichtig! Oft wird fälschlicherweise geglaubt, dass es nutzen würde, wenn sich der Hund kurz bewusst zurücknimmt, abwartet und brav ist, und dass man ihn dann loben könnte. Das ist keine Frustrationstoleranz! Das Erlernen einer Übung, das Ausharren und artiges Warten gehören zum sogenannten **Belohnungsaufschub**. Denk an den Vergleich mit dem Muskel. Du kannst dich nicht entscheiden etwas Schwereres hochzuheben, wenn dir die Muskulatur dazu fehlt. Es hilft auch nichts, wenn du gelobt wirst, wenn du es versuchst. Was du brauchst, ist ein anhaltendes Training, immer wieder und wieder Gewichte heben oder in diesem Fall: Frust ausgesetzt sein. Allein dadurch wächst langsam und stetig der „Muskel" im Gehirn, nur durch das sich selbst wieder Herunterpegeln, das selbstständige Arbeiten des Hundes. Hebst du die Hantel für ihn, machst es ihm leicht und nimmst ihm den Frust ab, indem du ihn aufmunterst, dann wächst sein Muskel nicht. Frustrationstoleranz ist eine körperliche Reaktion im Gehirn des Hundes, nichts das sich der Hund für ein Lob aussucht. **Zu glauben, man könne den Hund für artiges Stillsein loben und damit seine Frustrationstoleranz stärken, ist also grundlegend falsch. Den Unterschied zwischen Frustrationstoleranz und Belohnungsaufschub wirklich zu verstehen ist die Grundlage, um richtig üben zu können.** Erst wenn das erfasst wurde, können Situationen so angepasst werden, dass der Hund echte Frustrationstoleranz lernt und nicht nur erträgt artig abzuwarten, bis ihn der Mensch erlöst. Auch die **Abgrenzung zur Impulskontrolle** wird in diesem Zusammenhang noch ein Thema werden. Am Ende fügt sich alles zusammen und mit dem Unterscheiden dieser drei Fähigkeiten kannst du ein perfektes Training selbstständig aufbauen, weil du genau weißt, was du tust. Denn Hunde können in einer dieser drei Fähigkeiten gut und gleichzeitig in einer anderen schlecht aufgestellt sein.

Weniger Informationen in klaren Lernsituationen werden besser verarbeitet.

NUTZT SICH FRUSTRATIONS-TOLERANZ AB?

Aus der sogenannten „Spoon Theorie" wird manchmal ein Aufbrauchen der Frustrationstoleranz begründet.

Nach dieser Theorie gibt es nur ein vorgegebenes Maß an täglicher Energie für die Psyche, die sich abnutzt. Diese Theorie ist allerdings stark vereinfacht und bezieht sich vor allem auf psychische und physische Erkrankungen bei Menschen, die eine außergewöhnliche Belastung der Aufmerksamkeit und aufbringbaren Energie mit sich bringen. Sie ist ein Erklärungsmodel für die besondere Schwierigkeit, unter der erkrankte Personen im Alltag leiden. **Daher ist eine Übertragung auf den gesunden Hund in diesem Zusammenhang unpassend.**

Je öfter man eine Fähigkeit erfolgreich benutzt, desto besser wird sie.

Forschungen an Menschen zur Selbstregulation beweisen ebenfalls eindeutig, dass diese durch das immer wieder Anwenden stärker und nicht schwächer wird. **Es gibt also kein vorgegebenes Maß an Frustrationstoleranz pro Tag, das sich dann ausleert und irgendwann weg ist.** Viele kleine Dinge machen stabiler oder angespannter und haben einen Einfluss auf die Tagesform. Allein die Schlafqualität der Nacht zuvor bewirkt große Unterschiede in den Möglichkeiten. Um aus dem Vollen schöpfen zu können, was der Hund bieten kann, gilt es deswegen, die Erholung zwischen den frustrierenden Momenten hochzuhalten. Dazu komme ich später noch mal genauer.

So viel also erst einmal dazu, dass sich Frustrationstoleranz nicht herunterschleift, wenn sie angepasst genutzt wird. Wer den ganzen Tag über kleinere, frustrierende Ereignisse erlebt, verarbeitet und bewältigt, der erntet das Gegenteil. Es ist so explizit hilfreich, den Tag mit dem Überwinden einer frustrierenden Situation zu beginnen, dann ist man besser gewappnet, geduldiger und ruhiger. Anders sieht es aus, wenn die Frustration nicht verarbeitet wird und langanhaltend nachschwingt. Dann summieren sich die Ereignisse auf einem „Frusthaufen", der nicht abgetragen wird.

Es ist also nicht die Menge der frustrierenden Ereignisse hintereinanderweg, die mürbe schleifen würde und irgendwann zu

Wer still frustriert ist, sieht traurig und leidend aus.

einem Ausbruch führt, sondern es zeigt sich eher ein grundsätzlicher Missstand auf. Wird der Hund mit jedem frustrierenden Ereignis immer nur noch genervter, dann sieht man daran seine grundsätzlich schlechte Ausstattung an Frustrationstoleranz. Das bedeutet auch, dass dringender Handlungsbedarf besteht, wenn man so etwas beobachtet. Frustvermeidung macht die Sache hier rasant schlechter und hat vielleicht sogar in der Vergangenheit genau diesen Zustand erst hervorgerufen oder verstärkt. Wer eine gute Frustrationstoleranz hat, wächst an ihr immer, wenn er sie sinnvoll nutzen kann, ein Stück weiter Richtung Selbstvertrauen und innerer Ruhe.

Nun wird es aber ein bisschen komplizierter: **Durch die ansteigende Frustration wird es nämlich schwerer, seine Impulse zu kontrollieren.** Je frustrierter der Hund, desto eher wird er impulsiv handeln. Ein Hund, der erst den vierten, fremden Hund auf dem Spaziergang anbellt, hat nicht seine Frustrationstoleranz „heruntergewirtschaftet", sondern seine Impulse nicht gebremst. Wahrscheinlich, weil der Mensch darauf nicht bestanden hat und der Hund diese Möglichkeit der Entladung seiner Wut für sich nutzt. Wozu sollte der Hund es dann lassen, wenn es ihm doch kurzfristige Erleichterung verschafft zu bellen? Das ist der Grund, weshalb du deine Übungen für Frustrationstoleranz immer so wählen solltest, dass der Hund es schaffen kann, seine Impulse in einem angemessenem Zeitrahmen während der Situation selbst wieder zu regulieren. Er soll also ohne dein Zutun in der Übung und mit fortlaufender Zeit weniger jaulen, bellen oder springen. Steigert er sich in diese Impulse rein, dann ist die Übung ungeeignet.

DIE ENTWICKLUNG VON SELBST-REGULATION

Co-Regulation nennt man die ruhige Frust-Begleitung mit dem Welpen.

RESILIENZ

Resilienz ist das seelische Immunsystem eines Lebewesens. Frustrationstoleranz und Impulskontrolle sind Teile der Resilienz.

Resilienz ist der Acker, auf den Probleme und schlimme Ereignisse fallen und diese entweder erblühen oder verdorren lassen. Sie setzt sich aus verschiedenen Fähigkeiten und Möglichkeiten zusammen.
Neben den äußeren Hilfen wie den Freunden und den Lebensbedingungen gehört auch die **Fähigkeit der Selbstregulation dazu, also das Paket aus Geduld (Belohnungsaufschub), Frustrationstoleranz (alles nicht so schlimm finden) und Impulskontrolle (überlegt und kontrolliert handeln).** Auf die eigenen Gefühle und Reaktionen Einfluss nehmen zu können, ist das höchste Maß an Selbstwirksamkeit, wenn die Umwelt nicht zu beeinflussen ist. Die Welt lässt sich nicht erziehen und Probleme lassen sich von niemandem immer fernhalten, irgendetwas ist immer. Die eigene Bewertung und Reaktion liegen dagegen in der eigenen Macht und das ist etwas sehr Angenehmes. Das Gefühl, mitwirken zu können und einen Einfluss auf das vermeintliche Schicksal zu haben, gibt Kraft und Selbstvertrauen.
Wer Selbstregulation hat, der hat einen riesigen Teil für eine gute Resilienz. Kommen dann zusätzlich ein wohlwollender Mensch im Hintergrund, Möglichkeiten der Erholung und ein soziales Netzwerk dazu, dann kann dem Hund kaum noch etwas passieren, das ihn ernsthaft umwerfen könnte. Er ist gewappnet für alles, was das Leben bieten kann und letztendlich auch für den unvermeidbaren Moment seines Lebensendes. Spätestens diese Aufgabe, Frust zu bewältigen, steht allen Lebewesen bevor. Die letzte große Prüfung, in die der Hund im besten Fall mit Lebenserfahrung, Selbstregulation und ruhiger Unterstützung gehen kann. Sei es nur für diesen einen Moment im Leben, mindestens dafür, lohnt es sich, seinen Hund vorher zu schulen, um sicherzugehen, dass man alles getan hat, um ihm den Frust des Abschiednehmens vom Leben so angenehm und vertretbar wie möglich zu gestalten. Wir denken alle gern an die Momente des Lebens mit unserem Hund und das ist auch gut so! Aber insbesondere da, wo Krankheit, Schmerz und Tod unvermeidbar werden, hilft die Frustrationstoleranz durch die schwersten Stunden.
Resilienz mit all ihren Facetten sollte in der Hundehaltung noch viel höhergestellt werden und dem Training von Dressurbefehlen in der Wichtigkeit endlich den Rang ablaufen, denn wer Zeit und Gedanken in ihre Stärkung investiert, der kann sich mit seinem Hund so manch eine Trainingsstunde sparen, weil das Problem gar nicht erst auftritt, wenn der Hund solide im Leben steht.
Wenn dich das Thema Resilienz tiefergehend interessiert, dann kann ich dir nur von Herzen empfehlen, das wirklich fabelhafte Buch meiner Kollegin Vanessa Engelstädter zu lesen („Resilienz beim Hund“). Sie hat ein tolles Werk dazu erschaffen, das sich für alle Menschen lohnt, die Hunde halten und an ihrem Wohlergehen und dem Vermeiden von Problemen interessiert sind.

WANN WIRD'S GELERNT?

Selbstregulation ist ein Teil der Persönlichkeit. Sie gehört also zum unumstößlichen Charakter des Hundes dazu.

01

02

01 Die Pubertät ist die wichtigste Lernzeit für Selbstregulation! Noch wichtiger als die Welpenzeit.

02 Trotzdem werden die Grundlagen bereits beim Welpen gelegt und müssen gefördert werden.

Die Persönlichkeit von Lebewesen bildet und festigt sich in der Zeit vor Ende der Pubertät. Alles Mögliche hat Einwirkung darauf, wie sie sich entwickelt: Die Umstände der Zeugung, die Hormonlage der Mutterhündin und der Stress, dem sie ausgesetzt ist. Medikamente und Futter, das die Mutter bekommt, können einen Einfluss auf die Wesensart der Welpen, ihre Stressanfälligkeit und Aufmerksamkeit haben. Die Versorgung der Welpen im Mutterleib, wie viele Welpen in der Mutter liegen und welches Geschlecht sie haben. Ob einer der Welpen abstirbt und wer in welcher Reihenfolge geboren wird, genau wie die Umstände und mögliche Komplikationen bei der Geburt, wie viel Milch die Mutter geben kann, wie sie und andere Hunde sich um die Welpen kümmern und so weiter und so fort. Bevor der Welpe überhaupt zu uns kommt, hatte er schon ein riesiges Paket an persönlichkeitsbildenden Einflüssen in sich, denen er

03

ausgesetzt war. Dazu kommt die Genetik, also vererbte Wesenszüge und rassetypische Merkmale.

Das andere Ende der Leine ist also nur ein Teil der Persönlichkeitsförderung des Hundes. Holen wir den Welpen dann zu uns, haben wir noch bis zum Ende der Pubertät Zeit, auf den Charakter Einfluss zu nehmen. Durch die Umwandlung im Gehirn festigen sich dann die Persönlichkeitsmerkmale so, dass sie im Verlauf nicht mehr wesentlich veränderbar sind. Danach ist zwar das Verhalten noch veränderbar und Lernen ist lebenslang möglich, aber die Grundzüge des Wesens stehen fest und bleiben so. Ein bisschen Akzeptanz des Charakters gehört also immer dazu, wenn man einen erwachsenen Hund hat, denn er ist und bleibt so, wie er ist. Aber wie schon geschrieben: Er kann natürlich lernen, trotz seiner Persönlichkeit in bestimmten Situationen anders zu handeln, als es ihm sein Charakter eigentlich vorgeben würde. Er braucht dafür nur Kraft und Konzentration.

03 „Nicht dran sein" ist in der Hundeschule immer eine aktive Übung an der Selbstregulation und daher keine Wartezeit, sondern Trainingszeit!

Während der Entwicklung der Persönlichkeit werden auch die Selbstregulationsmöglichkeiten festgelegt. Was der Hund also bis zum Ende der Pubertät hier an Fähigkeiten erlangt, bleibt ihm für immer erhalten oder verschlossen! Umso wichtiger ist es, direkt und bereits mit dem Welpen genau daran zu arbeiten und die wertvolle Zeit der Pubertät voll auszuschöpfen. Denn hier wird die Grundfähigkeit des Hundes festgelegt und bestimmt darüber, ob ihm später alles leicht fällt oder ob er bei jeder Verhaltensanpassung mühsam mit sich ringen muss.

Auch erwachsene Hunde können lernen ihr Verhalten anzupassen.

MEIN HUND IST ERWACHSEN, IST JETZT ALLES VERLOREN?

Nein! Dein Hund kann seine Fähigkeiten und seinen Umgang immer verbessern! Finde heraus, was er wirklich kann.

Natürlich ist es am besten, die Grundfähigkeiten so gut wie möglich auszubauen. Sie entscheiden darüber, wie leicht oder schwer dem Hund später Anpassungen im Verhalten fallen. Wer als Welpe schon üben durfte, kommt weiter und braucht vor allem weniger Kraft im Leben. Wer nicht lernen durfte, der muss als Erwachsener kompensieren. Auch das ist möglich. Der Hund kann trotz eventuell nicht so guter Frustrationstoleranz lernen, Strategien zu finden, um durchzuhalten. Außerdem kannst du ihm durch die gezielte Konfrontation die Möglichkeit geben, sich an bestimmte Situationen einfach besser zu gewöhnen. Da geht es dann tatsächlich viel um das Ertragen von Frust, jedoch auch um das Kompensieren mit eigenen Möglichkeiten, um sich wieder vom Frust zu erholen. Dazu später mehr.

Wichtig ist, dass nicht Hopfen und Malz verloren ist, wenn dein Hund schon erwachsen ist. Das, was beim Üben passieren wird, ist, dass er überhaupt zeigen kann, was in ihm steckt. Vielleicht wird hier schon viel mehr herauskommen, als du ihm zugetraut hast. Über die Gewöhnung und deine neuen Ansprüche werden ihm seine auf Eis gelegten Möglichkeiten immer leichter von der Pfote gehen, und du wirst eine merkbare Verbesserung wahrnehmen. Außerdem wird dein Hund lernen, sich trotz Frustration zusammenzureißen und bestimmte, zeitlich begrenzte Situationen durchzustehen. Auch hier wird er stärker durchs Üben und Tun. Und zu guter Letzt wirst du ihm zeigen, wie er sich schneller von Frust erholen kann, sodass er Kraft tanken und frisch und gestärkt in frustrierende Situationen starten kann.

Auch ein Hund mit schlechter Frustrationstoleranz kann also lernen, sich angemessen zu benehmen und nach außen durch Übung souveräner wirken und sein. Es kostet ihn allerdings mehr Kraft und Konzentration, da er sich bewusst anstrengen muss, um nicht genervt zu reagieren, obwohl er ein Unbehagen empfindet. Ein Hund mit guter Frustrationstoleranz hat es leichter, da er sich nicht anstrengen muss, sondern erst gar nicht die unangenehmen Gefühle hat und daher nicht gezielt arbeiten muss, um sich zusammenzureißen. Es ist insgesamt also noch eine Menge an Verbesserung durch das Erlernen von guten Umgangsstrategien herauszuholen, auch wenn ihr am Ende nicht da landen werdet, wo es eventuell möglich gewesen wäre, wenn dein Hund von Anfang an so begleitet worden wäre. Sich damit zu martern, was alles hätte sein können, ist sinnlos und verschwendete Energie. Ich bin ganz sicher, dass ihr trotzdem ein Ziel erreichen werdet, was euch beide sehr viel zufriedener und entspannter machen wird. Der Rest ist

Egal wie alt der Hund ist, du wirst zumindest eine Besserung erreichen können …

Akzeptanz und eigene Frustrationstoleranz. Du wirst auch bei einem bereits erwachsenen Hund mit der aktiven Frustkonfrontation im Alltag sichtbare Erfolge erreichen und für alle Beteiligten in ein paar Monaten schon eine merkbare Verbesserung erzielen.

… auch wenn es euch beide etwas mehr Kraft kosten wird.

VOR DEN ÜBUNGEN KOMMT DAS LEBEN

Bevor mit konkreten Übungen begonnen wird, sollte es darum gehen, die Möglichkeiten nicht wegzuwischen, die das Leben bringt.

Der Alltag ist voller kleiner Übungsfelder, die sich ohne zusätzlichen Zeitaufwand oder Übungsplan anbieten und oft umgangen werden. Sobald der Hund etwas möchte oder nicht möchte, sind wir bemüht, seine Wohlfühlzone wieder herzustellen und berauben ihn dabei leider der Chance, seine eigenen Kompetenzen zu entwickeln und auszubauen.

Ein paar kleine Beispiele aus dem Alltag: Der Welpe findet eine tote Maus im Gebüsch und bekommt sie von seinem Menschen abgenommen. Da er weiterhin daran interessiert ist, wird er flugs an die Leine genommen und weitergezogen, abgelenkt und gelockt oder die Maus landet schnell im nächsten Mülleimer. Stattdessen könnte man den Welpen einfach an der Leine halten und sich damit beschäftigen lassen, dass da eine tolle tote Maus liegt, die er so gern hätte – selbstredend ohne sich einzumischen. Sich die Zeit zu nehmen, einfach nur auf dem Boden zu sitzen, den Welpen an der kurzen Leine eine Maus anschmachten zu lassen, während er sich fiepend windet und ärgert, dass er nicht drankommt, ist irgendwie nicht so populär. Dabei wäre genau das eine so gute Möglichkeit zu lernen. Aber für uns ist es undenkbar, eine Übung anzunehmen, die wir uns nicht selbst als Übung ausgedacht haben. Sollten wir es doch schaffen, den Welpen in dieser Situation zu belassen,

dann fällt es uns schwer, nicht zu kommentieren. Wir loben das kurze Stillsein, als ginge es hier ums artige Aushalten, reden ihm dazwischen und versuchen übers Hintertürchen, seinen Frust doch zu beseitigen, indem wir ihm Leckerchen zustecken, wenn er nicht mehr an der Leine zieht.
All das erfüllt aber keinerlei Sinn. Alles, was wir tun müssten, wäre nichts zu tun, still zu sein und mit Mitgefühl zuzusehen. Zieht der Welpe und quengelt, dann braucht es keine Unterbrechung und kein Schimpfen. Setzt er sich hin, um zu denken, dann braucht es auch keine Ablenkung und kein Lob. Was so ein Welpe viel mehr braucht als unsere ständige Einmischung oder unser Bedürfnis, ihn zu programmieren auf richtiges und falsches Verhalten, ist Geduld. Geduld, sich selbst zurückzunehmen und nicht alles besser zu wissen, sondern ihn eigene Erfahrungen machen zu lassen. Geduld, sein Verhalten nicht gleich mit richtig und falsch, fein oder böse zu belegen, sondern zuzusehen.

Hunde sollten früh, in gesicherten Situationen, lernen mit Abweisung zurechtzukommen und darauf zu achten, ob das gegenüber wirklich Lust auf „Spielen" hat.

Ruhige Beständigkeit wirkt Wunder beim Hund.

Die schwierigste neue Aufgabe für Hundemenschen scheint nicht zu sein, alles richtig zu machen, sondern einfach mal nichts zu machen. Wenn der Welpe dann nach einer Viertelstunde nicht mehr quengelt und schnaufend neben dem Menschen sitzt, dann kann die Maus ohne Trara und ohne Erklärung im Mülleimer zu Grabe getragen werden und der Welpe ganz selbstverständlich wieder mitgenommen werden.

So bringt uns das Leben tausend kleine Möglichkeiten: Dem Hund nicht den Mantel anziehen, wenn es ein bisschen kühl ist, sondern nur, wenn er wirklich friert. Einen anderen Hund füttern, ohne dem eigenen Hund einen Wiedergutmachungskeks zu geben, damit er ebenfalls etwas bekommt. Nicht überall die Leine abzumachen, damit der Hund frei alles erkunden kann, sondern auch mal erwarten, dass ein Gebiet oder ein Raum nicht abgeschnuppert werden darf. Im Restaurant erwarten, dass ruhig auf der Decke gelegen wird und zwar ohne ablenkenden Kauknochen. Warten müssen, nicht mitkommen, irgendwo nicht hingehen, etwas nicht bekommen oder aushalten müssen, was man als ungemütlich empfindet. Alles im Bereich der ganz normalen Kleinigkeiten, die man als gefahrlos ansieht, zu erwarten. Nicht jeden Wunsch des Hundes von seinen Augen ablesen, nicht alle Bedürfnisse sofort erfüllen, nicht jedem Stress und Unbehagen ausweichen. Würden wir darauf alle von Anfang an mehr darauf achten, dann bräuchten wir kaum Übungen zur Stärkung der Frustrationstoleranz. Das echte Leben ist tausendmal wichtiger als jede Übungssituation.

Ich plädiere also dafür, mehr von unseren Hunden zu erwarten und sie insbesondere als junge Hunde nicht zu unterfordern, was ihre Fähigkeiten angeht, nicht zu bekommen, was sie gerade möchten, sich zurückzunehmen und mit kleineren Widrigkeiten klarzukommen. Ja, Hunde müssen Ruhe lernen, das hat sich herumgesprochen. Das heißt aber nicht, dass sie nur wohlig in ihrem Bettchen liegen sollten, sondern sie sollen sich ruhig verhalten in unruhigen Situationen! Das wäre Ruhe lernen. Alles andere ist einfach schlafen. Ebenfalls wichtig, sorgt aber nicht für entspannte Hunde im Alltag.

01

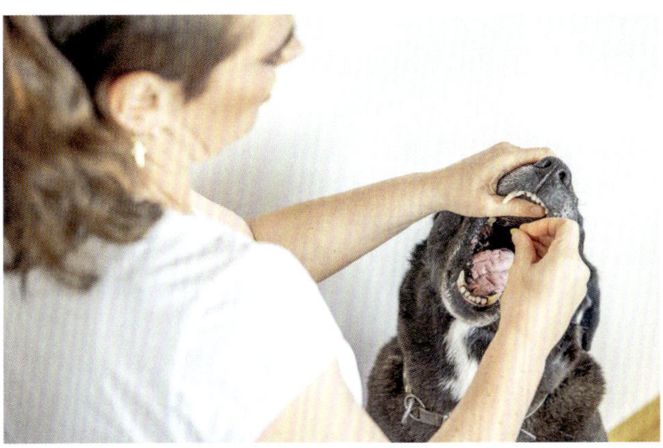

02

01 Der Mensch ist auch beim Ruhehalten ein Vorbild für den Hund.

02 Vertrauen und Durchsetzungskraft werden zu „liebevollem Zwang".

Wer alle Wünsche erfüllt bekommt, der weiß das Glück nicht zu schätzen.

IST DAS NICHT FIES UND GEMEIN?

Man könnte meinen, dass das normale Leben doch bereits frustrierend genug sein dürfte für einen Hund und extra Übungen im Alltag unnötig sind.

Unsere Haushunde leben in extremer Frustarmut. Normalerweise sind alle Lebewesen dafür geschaffen, dass sie sich mehr oder weniger häufig mit sehr frustrierenden Ereignissen herumschlagen müssen, mit wirklich wichtigen Dingen, die relevant für das ganze Leben sind: Wo das nächste Futter herkommt oder heftiger Hunger oder Durst, das Durchleben von Kälte und Hitze, der man nicht entkommen kann, schmerzhafte Krankheiten, die von selbst heilen müssen, ohne Schmerzmittel oder Antibiotika. Dazu mehrmals im Leben Parasitenbefall, wochenlanger Juckreiz oder Durchfall und alle Unannehmlichkeiten des Alterns, Nachkommen gebären und sich um sie kümmern

müssen und so weiter und so fort. Keine dieser lebens- und überlebensrelevanten Situationen müssen unsere Hunde heute bewältigen. Sie haben alles, was es braucht, um fast immer warm und gemütlich, satt und schmerzfrei zu leben. Sie bekommen schnell Unterstützung, wenn etwas nicht passt. Ihnen wird auch bei Kleinigkeiten geholfen oder mögliche Gefahren zu scheitern, direkt aus dem Weg geräumt. Klar, es gibt auch hier noch den ein oder anderen Kettenhund, der halbverhungert mit Flöhen auf dem ganzen Körper herumliegt, aber das sind bei uns große Ausnahmen und nie die Regel. Und ich bin mir hundertprozentig sicher, dass dein Hund nicht so gehalten wird, denn niemand, der sich so viele Gedanken und Mühen um seinen Hund macht, indem er so ein Buch, wie das hier, liest, würde seinen Hund so halten.

In den meisten Fällen werden das Wohlbefinden und die Bedürfnisbefriedigung der Hunde noch vor die der Menschen gestellt, die mit ihnen zusammenleben. Das zeigt auch die Wirtschaft, die Frequenz von medizinischen Vorsorgeuntersuchungen und die aufgebrachte Zeit für Weiterbildung, Spaß und Gesundheit der Hunde. Die Ausgaben für Haustiere in Deutschland sind deutlich höher als die für Kinder. Wie viele Menschen kennst du, die sich lauter Erziehungsratgeber für Kinder kaufen, Wochenendseminare zum Erlernen der richtigen Erziehung buchen, Einzelstunden beim Profi holen, um mit dem Baby, dem Schulkind und dem Pubertierenden unter Anleitung zu üben? Und das selbst beim dritten Kind? Wir alle bemühen uns sehr um unsere Hunde und ihr Wohlbefinden und betreiben dafür einen immensen finanziellen und zeitlichen Aufwand. Unsere Hunde leben in dem absoluten Luxus, lebenslang von jemandem versorgt zu werden, der versucht, alles möglichst gut und richtig zu machen und jedes Leid weit fernzuhalten.

Selbst wenn der Hund schon lange erwachsen ist, erfährt er von uns denselben Schutz und die Versorgung, die wir selbst nur als Kinder genießen können. Das ist natürlich gut so und ich freue mich darüber! Auch ich bin immer für meine Hunde da und verbringe viel Zeit damit, mir Gedanken und Mühe zu machen, dass es ihnen gut geht. Das sollten wir also bitte nicht ändern! Aber es braucht einen Ausgleich und ein Bewusstsein darüber, dass unsere Hunde durch uns ein unnatürlich niedriges Level an natürlichem Frust erleben und damit auch schnell ein unnatürlich niedriges Level an Frustrationstoleranz entwickeln.

Die meisten Hunde spielen weit unter ihren Möglichkeiten und das liegt an der geringen Förderung. Den Hund überallhin mitzunehmen, ohne dass es ihn stresst, sollte eigentlich der Normalfall sein. Nicht die Innenstadt, eine fremde Wohnung oder ein aufregendes, neues Gassigebiet sind die Probleme. Nicht dass andere Hunde einem entgegenkommen, während man angeleint ist, dass man kurz mal allein bleiben muss, ist für Hunde eigentlich schwer. Wir lehren sie nicht, Dinge zu erleben, die langweilig und blöd sind, und das macht diese Probleme erst groß, obwohl sie es nicht sein müssten. Bis auf ein paar Ausnahmen sind die meisten auffälligen Verhaltensweisen mindestens auch auf eine mangelnde Frustrationstoleranz zurückzuführen. Da hilft dann auch kein jahrelanges Trainieren an einer speziellen Situation, wenn einfach die Basis fehlt. Problematisches Verhalten entsteht nicht erst in dem Moment, wo wir es als störend wahrnehmen. Es entsteht aufgrund des brüchigen Fundaments an Basisfähigkeiten wie der Frustrationstoleranz. Sehr viel Training in speziellen Momenten wäre unnötig, wenn die Hunde alle ausreichend gefördert worden wären und sehr, sehr viel Training würde schneller gehen und effektivere Wirkung zeigen, wenn die Menschen dem Frust nicht aus dem Weg gegangen wären.
Unsere Hunde sind im normalen Leben meist von Welpenbeinen an viel seltener frustriert als alle Wildtiere es jemals sein könnten. Ihr Gehirn entwickelt sich aber genauso wie das eines Wildtieres. Es gibt keinen Unterschied. Das bisschen Minifrust, den unsere Hunde hier und da erleben ist nichts im Vergleich. Das ist einerseits toll, weil es bedeutet, dass wir uns um unsere Hunde liebevoll sorgend kümmern. Es sollte uns allerdings dazu treiben, mehr Wert auf die gezielten Übungen zu legen. Ohne sie reicht es oft einfach nicht. Die extra hergestellten Situationen, um den Hund zu frustrieren, sind also wirklich ein bisschen fies, aber eben auch nur das: ein bisschen fies. Langfristig bringen sie dem Hund dafür echtes Lebensglück, Entspannung und Stressfreiheit in allen Situationen, weniger Angst, weniger Wut und bessere Sozialkompetenz zeigen zu können. Und das alles nehmen wir ihnen, wenn wir das kurzfristige, vermeintliche Glück vorziehen, jetzt in diesem Moment nichts Blödes erleben zu müssen.
Alle Übungen in diesem Buch sind Kleinigkeiten. Keine davon ist wirklich schlimm. Nichts tut weh oder ist relevant für das Leben oder die persönliche Entfaltung. Alles, was mit diesen Übungen hergestellt wird, sind Kinkerlitzchen der Problemwelt, die das Leben zu bieten hat. Wenn unsere Hunde

01

01 Nicht anspringen zu dürfen setzt diesen Hund unter Stress und bereitet ihm Frust. Er freut sich so sehr den Menschen zu treffen.

02 Konsequent aber liebevoll und ohne Worte wird er mit den Händen in die Schranken gewiesen, ohne dass die Begrüßung abgebrochen wird.

das schon nicht aushalten, wo nichts auf dem Spiel steht und nichts Wirkliches passiert, wie sollen sie dann mit sozialer Zurückweisung, Schmerzen bei Krankheit, dem Alter oder anderem umgehen können?

Also ja, wir brauchen dringend gezielt hergestellte, kleine nervtötende Situationen und sollten Welpen unbedingt als normales Erziehungskonzept willentlich und regelmäßig frustrieren. Wir sollten Hunden viel mehr zutrauen, sie mitnehmen und auch mal Momenten aussetzen, die nicht ausschließlich das Tollste der Welt sind. Wir sollten ihnen die Chance geben, über mehrere Wochen besser zu werden und nicht sofort nach ein paar Wiederholungen als unfähig abgestempelt zu werden, Frust zu ertragen.

Und wir sollten selbst besser lernen, davon abzusehen, dass unser Bedürfnis erfüllt wird, den Hund immer nur fröhlich sehen zu wollen. Dieses Bedürfnis ist langfristig nur egoistisch und nicht zum Wohle des Hundes, sondern nur zum Wohle unseres eigenen Gefühls auf Kosten der Hundepsyche.
Den Hund selbst kompetent zu machen ist unsere Aufgabe als Erziehende, der wir uns nicht aus Bequemlichkeit entziehen dürfen.

02

KANN MAN FRUST BESTÄTIGEN?

Du kannst das Gefühl der Frustration weder bestätigen noch bestrafen. Bewusst kann man nur das Verhalten ändern, nicht die Emotionen.

Gefühle sind nicht so einfach einprogrammierbar. Du kannst versuchen, Möglichkeiten aufzuzeigen und eine Vorbildfunktion zu erfüllen, aber dein Hund muss sie schon willentlich annehmen. Einfach im richtigen Moment ein Gefühl zu bestätigen und damit das Denken und Wahrnehmen des Hundes nach seinen Vorstellungen frei zu modellieren, funktioniert nicht. Genauso wenig kommt es zu ständigen Fehlverknüpfungen und Aversionen gegen irgendwen oder irgendwas, nur weil es in einer bestimmten Situation einmal schlecht für den Hund gelaufen ist. **Du bestätigst also weder Frust noch Angst, wenn du als soziale Unterstützung auftrittst und liebevoll anwesend bist. Aber Verhalten kann bestätigt werden. Das ist ein gravierender Unterschied!** Fütterst du den Hund und lobst ihn mit Aufmerksamkeit, Spiel oder anderem, wenn er frustriert bellt, weil er etwas nicht bekommt, dann wirst du sein Verhalten fördern. Er wird dann bei Frustration immer mehr bellen. Er wird aber nicht stärker fühlen, dass er frustriert ist. Genauso kannst du über eine sinnvoll gesetzte Strafe sein Bellen verhindern, sodass er sein Verhalten ändert. Er bellt nicht mehr. Trotzdem bestrafst du damit nicht sein Gefühl der Frustration und minderst es auch nicht. So einfach ist das nicht mit Gefühlen, dass man sie einfach so einfüttern oder wegstrafen kann. Wäre das so, dann wäre Erziehung super einfach und wir hätten keine Probleme mit Hunden oder Menschen.

Das bedeutet für dich, dass du sehr genau darauf achten solltest, welches Verhalten dein Hund gerade zeigt, überlegt gleich zu zeigen oder eben gerade gezeigt hat. **Dieses Verhalten ist es, was durch Lob bestärkt wird.** Oder durch Strafe verringert. Das ist gar nicht so einfach, wie du wahrscheinlich gerade merkst. Und das ist auch der Grund, weshalb ich sehr dazu rate, lieber nicht zu loben oder zu strafen, wenn du nicht genau weißt, was du tust und dich u. a. mit der Wirksamkeit von Verhaltensketten nicht auskennst. **Du lobst oder strafst nämlich sehr selten nur die eine Sekunde des Geschehens.** Und natürlich weiß jeder Hund, dass er, um aufzuhören zu bellen und ein Lob zu bekommen erstmal anfangen muss zu bellen! Er weiß genau, dass er ins Gebüsch rennen muss, um gerufen zu werden, und dann einen Keks fürs Zurückkommen zu bekommen. Und selbstverständlich weiß er auch, dass du besonders erleichtert und großzügig loben wirst, wenn er erst ansetzt, wild an der Leine zu toben und dann fein Sitz macht und dich ansieht. Hunde sind schlauer als das! Viel, viel schlauer. Sie agieren aufgrund komplexer Zusammenhänge und Emotionen, und Beziehungen sind relevanter als alles, was wir von außen zufügen könnten. Du kannst nur Verhalten belohnen oder bestrafen. Keine Gefühle. So weit so gut.

Sollte dein Hund also frustriert sein und deine Nähe suchen, dann darfst du ihn selbstverständlich still in den Arm nehmen! Du bestätigst damit nicht seinen Frust. Frust ist Enttäuschung und somit auch Trauer über einen Verlust. Und wer würde einen enttäuschten Freund schon im Regen stehen lassen? Die Frage bei sinnvoller Unterstützung ist das WIE.

Alle Gefühle der Welt gehören zum normalen Repertoire des Hundes. Ist der Hund genetisch dafür gemacht, schnell in Aggressionsverhalten zu fallen, dann ist ein Erlernen von Hemmung besonders wichtig, damit er fair streitet.

01

02

Wie kannst du nun bei Frust soziale Unterstützung bieten, ohne Verhalten zu bestätigen? Nehmen wir wieder das Beispiel mit dem Welpen, der gern die tote Maus am Wegesrand hätte. Sein Mensch sitzt da, die Leine ist kurz, die Maus unerreichbar. Der Welpe quengelt, zieht und mault. Irgendwann geht er zum Menschen und kuschelt sich an. Selbstverständlich darf der Mensch nun einfach kommentarlos eine Hand auf den Welpen legen oder ihn auf seinen Schoß klettern lassen. Hier wird nicht gelobt, gefüttert es wird einfach still und sanft Social Support angeboten. „Hier bei mir ist es schön, ruhig und erholsam. Du darfst zu mir kommen, wenn es dir schlecht geht. Und ICH bin ganz entspannt und unemotional trotz Maus!" Das ist die Aussage und das Gefühl, was transportiert wird. Nicht: „Fein! Richtig gemacht!" Sollte dein Hund also freundlich und nicht übergriffig oder aufmerksamkeitsheischend Kontakt suchen, dann sei einfach da, ohne ein Fass aufzumachen. Er darf sich ankuscheln und du darfst liebevoll denken, vielleicht mal eine Hand auf seinen Körper legen, und wenn er den Gedanken an die Verlockung aufgegeben hat, kannst du ihn auch ein bisschen sanft streicheln. Damit hilfst du nach getaner Arbeit seinerseits, seinen Stress abzubauen. Einfach da sein und zugewandt sein sieht anders aus und kommt anders rüber als der Versuch zu loben oder zu bestätigen. Sich nicht einzumischen, aber trotzdem eine Stütze sein, das darf der Hund aufsuchen, wenn er es denn von sich aus will. Halte dich aber zurück und forciere es nicht. Es ist allein seine Entscheidung. Außerdem solltest du weiterhin weder reden noch größeren Kontakt zu ihm aufnehmen, sondern eher beiläufig handeln. Du strahlst eben aus, dass nichts los ist und dass du ganz ruhig bist. Wenn du dazu neigst, sofort wild zu kraulen oder zu sprechen, weil du das Bedürfnis zu loben nicht aus dir rausbekommst, dann sitze still da, mache die Augen zu und atme einfach tief. Meditiere ein bisschen vor dich hin und mache ansonsten einfach gar nichts.

Wenn dein Hund dich anspringt, anbellt und respektlos über dich stolpert, dann kannst du ihn selbstverständlich genauso ruhig und kommentarlos wegschieben, ihn festhalten ohne Blickkontakt oder zur Not

03

04

05

06

sogar einfach die Leine am Baum neben euch festmachen und einen Meter wegrutschen, sodass er dich nicht mehr kratzen oder anspringen kann. Bei einem Verhalten, dass die Wut an dir auslässt, gibt es keine Unterstützung, denn Verhalten kann bestätigt werden. Lehnt sich ein trauriger, enttäuschter Hund bei dir an, wird er ganz natürlich gehalten und gestützt. Nur sprechen und streicheln solltest du erstmal nicht.

01 – 02
Der Welpe wird bewusst mit einer Verführung konfrontiert, die Situation bleibt statisch.

03 – 04
Er darf sich ausprobieren und seinen Frust zeigen. Er orientiert sich selbstgewählt an seinem Menschen und beruhigt sich darüber wieder.

05 – 06
Der Mensch fasst still an und hilft damit sich zu beruhigen, ohne dass der Hund aufgehalten wird.

Im Laufe eines Hundelebens kann viel Unvorhergesehenes passieren.

BRAUCH ICH ALLES NICHT …

„Mein Hund braucht nie allein zu sein, nie einen Maulkorb tragen oder irgendwohin mitkommen." Diesen Satz höre ich oft und ich hätte tausend Argumente dafür, es trotzdem zu üben.

Angefangen bei der Tatsache, dass jeder Hund verunfallen kann und dann eventuell wochenlang liegen, Gips und Verbände tragen muss oder beim Aufwachen in der Tierklinik einen Maulkorb aufgesetzt bekommt. Aber auch, dass sich Situationen ändern können: Scheidungen, Todesfälle, Unfälle. Wer weiß, ob das Leben dieses Hundes wirklich immer exakt so bleiben wird. Was, wenn sich etwas ändert, was nicht in unserer Macht liegt? Wir können leider nicht für die nächsten sechzehn Jahre alles zu einhundert Prozent vorausplanen und sollten dem Hund zuliebe ein bisschen Flexibilität beibehalten. Aber selbst, wenn dich das nicht wirklich überzeugt, dann sieh das Mitnehmen und Erlernen von vermeintlich unnützen Dingen als etwas noch Wichtigeres an: Als Übung für Frustrationstoleranz und Stressresistenz.

Wir glauben oft fälschlicherweise, dass das Mitnehmen der Hunde in schwierige und herausfordernde Situationen unnötig sei, da wir diese Situationen ja selten oder nie erleben. Dabei sollten wir diese Übungen anders bewerten und weniger darauf achten, ob wir genau das, was wir da üben, genauso brauchen, sondern schauen, was es dem Hund in der Gesamtheit seines Lebens bringt. Wer an einem Ort ruhig bleiben und entspannen kann, an dem viele Menschen sind, der kann es tausendmal mehr an einem Ort, an dem wenige Menschen sind. Wer mit der Anwesenheit vieler angeleinter Hunde auszukommen gelernt hat, der stört sich erst recht nicht an einem einzigen Hund. Übertragen gesagt: Wer sechs Wochen lang einen Gips getragen hat, der empfindet ein Pflaster als weniger störend als jemand, der beides noch nie zuvor gesehen hat. Der Alltag ist es also, der uns die besten Möglichkeiten gibt, den Hund zu schulen und Widrigkeiten in seinem Leben zu relativieren. Um das zu erreichen, kann und sollte man insbesondere seinen jungen Hund überallhin mitnehmen, auch wenn es für den Hund dort langweilig oder etwas unbequem ist. Es geht gar nicht darum, dass er alles können muss, in jeder Situation dabei sein können muss. Es geht darum, dass er es *könnte*. Selbst wenn er niemals mit der Bahn fahren soll, nie auch mal in einer Seitenstraße der Innenstadt eine kleine Tour mitlaufen muss und ein Aufenthalt in einer Hundepension unnötig ist, weil man nie in den Urlaub fährt. Das Üben dieser Momente macht den Hund insgesamt für sein Leben stressresistent und das ist das Ziel. Ob ich diese Dinge später nutze oder nicht, ob ich sie ständig brauche oder nicht, ist zweitrangig. Es sind Gelegenheiten des Alltags, Gratisübungen des Lebens, die überall und jederzeit einen positiven Einfluss auf das Seelenleben unseres Hundes haben. Alles, was für den Hund moderat erträglich und nicht mehr als ein bisschen unbequem und unliebsam ist, sollte daher als Übung und Training genutzt werden, um ihn zu stärken für die Dinge, auf die man sich nicht vorbereiten kann, die Dinge, die unvorhergesehen kommen und die unabwendbar sind. Alles angepasst an seine Fähigkeiten natürlich und bei erwachsenen sehr unsicheren Hunden vorsichtiger. Mit den entsprechenden Pausen und Absicherung, aber eben nicht vermeidend.

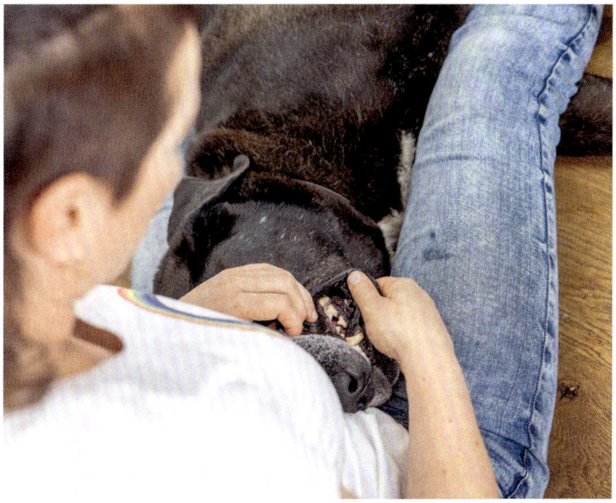

Kleinigkeiten der Körperpflege können ohne Frustrationstoleranz zum Grauen mutieren.

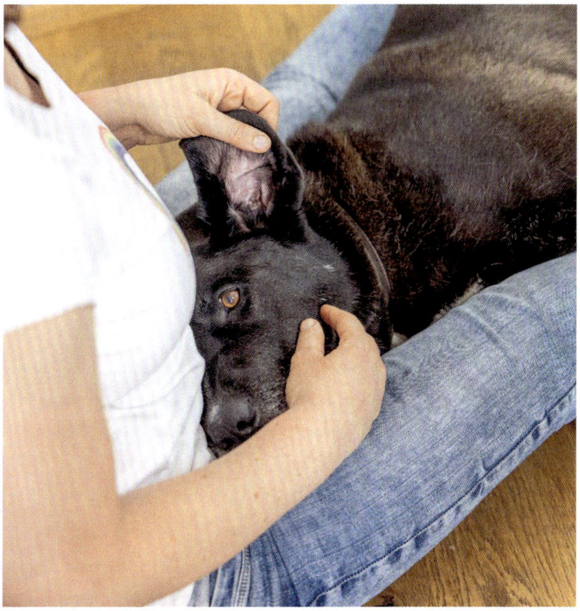

Mit Frustrationstoleranz dagegen spart man sich jedes Medical Training.

DER IST DAFÜR DOCH NOCH ZU KLEIN

Wie viel du erwarten kannst, hängt insbesondere vom Alter deines Hundes ab. Verwechsle einen erwachsenen Hund nicht mit einem Kind. Er ist ein erwachsenes Lebewesen, nur eben kein Mensch, sondern ein Hund.

Ein Welpe mit etwa zehn Wochen ist ungefähr vergleichbar mit einem Kind in der Einschulungszeit. Ein Hund, der ein Jahr alt ist, ist am Anfang seiner Pubertät und ein zwei bis drei Jahre alter Hund ist ein junger Erwachsener, der als Mensch Auto fahren und wählen dürfte und sich für Straftaten verantworten müsste. Mit circa dreieinhalb bis vier Jahren sind die meisten Hunde vollständig entwickelt und ganz erwachsen.
Was du erwarten kannst, ist ähnlich wie beim Menschen. Dein Welpe ist zwölf Wochen alt, dann würdest du denselben Anspruch an die Selbstregulation stellen können wie bei einem sechs- oder siebenjährigen Kind. Der Hund ist dann nicht insgesamt wie ein siebenjähriges Kind, nur seine mögliche Leistung an Selbstregulation. Ein Hund ist nie genauso wie ein Kind, er bleibt immer ein Hund. Nur einzelne Grundfähigkeiten lassen sich vergleichen. Das räumliche Denken zum Beispiel ist bei einem dreijährigen Kind sehr schlecht, bei einem dreijährigen Hund dagegen exzellent. Das logische Denken ist wieder vollkommen anders und die soziale Intelligenz ebenfalls. Der Einzelbereich der Selbstregulation ist ausgehend von der Gehirnentwicklung allein genommen ungefähr so wie bei einem Schulkind, während dein Hund eine Welpengruppe besucht. Würdest du bei einem Schulkind nicht erwarten, dass es eine Drei-

Das Erlernen der Selbstregulation beginnt bereits mit der Geburt und kann nicht zu früh begonnen werden, sondern nur zu spät.

viertelstunde ruhig am Tisch sitzen kann? Dann sollte der Welpe auch so lange unter dem Tisch im Restaurant liegen können und das nach einer kurzen Pause an der frischen Luft und einem Toilettengang auch wiederholen können. Dem einen fällt es leichter, dem anderen schwerer, aber insgesamt geht man davon aus, dass eine Schulstunde machbar sein sollte, ohne groß aus dem Rahmen zu fallen.

Wenn ein fünfjähriger Hund seinen Menschen anbellt, weil der eine Minute beim Spaziergang stehenbleibt und sich mit den Nachbarn unterhält, dann stell dir das bitte mit einem vierzigjährigen Menschen vor. Anschreien und weinen, an der Jacke ziehen und quengeln, dass es soooo langweilig ist, zu warten. Oder bei einem unerreichbaren Hundekeks eine ganze Stunde bellen und jammern. Überleg dir, wie angemessen das bei einem erwachsenen Menschen wäre, der satt dasitzt, gemütlich auf dem Sofa und alles, was er ertragen müsste, ist es, eine Praline nicht zu nehmen, die auf dem Tisch steht. Wäre weinen und schluchzen eine normale Reaktion? Natürlich nicht. Unsere Ansprüche an Hunde in diesem Bereich sind oft extrem niedrig. Wieso erwarten wir von einem Kind, das die gleichen Fähigkeiten der Selbstregulation hat, mehr als von einem Hund und wundern uns dann, wenn die Tiere sich später benehmen wie trotzige Kinder?

Dinge können konsequent und gleichzeitig freundlich erzwungen werden.

Es ist nicht die Unfähigkeit der Hunde, die verursacht, dass so wenige Hunde heute zuverlässig abrufbar sind, nicht jagen gehen, allein bleiben können und angstfrei und sozialverträglich sind. Sie sind lange nicht so hilfsbedürftig und kindlich, wie wir sie gern sehen würden. Sie sind leider eher künstlich kleingehalten und in ihrer Entwicklung gehemmt, weil ihnen von Anfang an nichts zugetraut wurde und der Mensch sich oft lieber als unverzichtbarer Retter in der Not sieht, als seinem Hund emotionale Unabhängigkeit zu schenken. Es ist unser Bedürfnis, uns gebraucht und wichtig zu fühlen, was wir dem Hund da aufdrücken. Das ist typisch menschlich und in vielen Momenten halb so schlimm. Aber es kann auch zur Qual für den abhängig gemachten Hund werden, der niemals zu seiner eigenen Stärke heranwachsen darf, nur damit wir das Gefühl haben, nützlich zu sein.

Liebe ist meiner Meinung nach etwas, was Freiheit und Sicherheit mitbringt. Die Freiheit loszulassen, um selbst Erfahrungen zu machen. Die Sicherheit, darauf zu vertrauen, dass Beziehung und Freundschaft auf mehr beruht als auf Abhängigkeit. Dass man nicht nur geliebt wird, wenn man es dem Hund immer recht macht, sondern als Person genauso liebenswert und wertvoll für den Hund ist, wie der Hund für einen selbst. Für jedes Anleiten und Erziehen ist immer Selbstreflexion der wichtigste Punkt. Wer seine eigenen Bedürfnisse auf den Hund projiziert hilft weder sich noch Hund. Zu wissen, was man kann und was man nicht kann, selbst zu lernen, zu wachsen und sich zu überwinden. Die eigene Frustrationstoleranz zu schulen und die eigene Impulskontrolle zu verbessern, sind mindestens genauso wichtig wie das Arbeiten mit dem Hund. Dieser Grundsatz ist eine tiefe Überzeugung von mir. Wir kommen deswegen später auch noch einmal auf deine eigene Frustrationstoleranz zurück. Aber erstmal weiter mit den Grundlagen.

Es muss kein Fass aufgemacht werden, wenn der Welpe seinem Unmut so wie hier etwas übertrieben Luft macht.

Die Wut des Welpen abperlen zu lassen, nimmt ihr den Wind aus den Segeln.

01

02

DAS IST DOCH VIEL ZU LANGE, ODER?

Eine oder zwei Stunden mit dem Welpen in der Innenstadt, auf einer Party oder auf dem Ruderboot sitzen? Ist das nicht viel zu lange?

Nein! Der Hund benötigt je nach Alter und Typ ungefähr zwölf Stunden tiefen Nachtschlaf und weitere sechs Stunden Liegen, Dösen und leichte Schlafphasen sowie eine Art tieferen Mittagsschlaf in Ruhe. Das macht also insgesamt achtzehn Stunden mehr oder weniger tief schlafen als Grundbedürfnis. Es bleiben sechs Stunden für Aktivitäten.

Nehmen wir an, dass dein Hund mal einen Knochen knabbert, zweimal am Tag etwas frisst und hier und da aufsteht und herumläuft, dann bleiben so bummelige fünf Stunden für Aktion. Gehen wir dann ein bis zwei Stunden spazieren, machen zwei Stunden eine oder zwei explizite Übungen für eine bessere Frustrationstoleranz, kuscheln und massieren den Hund eine Stunde und lassen ihn dann wieder in Ruhe, dann ist alles dabei. Mit den entsprechenden Pausen, die mit den sechs Stunden Tagschlaf ausgefüllt und abgewechselt werden, wäre dies eine gute Basis, insbesondere für einen jungen Hund. Kommt dann ein anstrengender Tagesausflug mit einer Wanderung, einem anschließenden Besuch im Biergarten und einer Rückfahrt im Bus dazu, dann muss die Tagesschlafzeit danach gesammelt aushelfen. Sprich: Danach passiert nichts mehr, den Rest des Nachmittags liegt der Hund rum und geht vor dem Nachtschlaf nur noch kurz vor die Haustür, um sich zu lösen. Und solltest du den Bus verpassen, weitere Kilometer wandern müssen, im Starkregen unter einem Baum auf ein Taxi warten und deinen nassen Hund auch noch das erste Mal in seinem Leben allein hinten in eine Transportbox stecken müssen, dann ist es eben am kommenden Tag ruhiger und du schenkst ihm da ein paar Ruhestunden mehr. Du kannst variieren und musst nicht mit der Stoppuhr dastehen.

01 Um wirklich begreifen zu können, braucht es mehr als ein paar Minuten ins Problem „eingestippt“ zu werden.

02 Kommentarlos und ruhig wird mit der Hand wieder hingelegt.

03 So wird die Zeit zwischen aufstehen und hingelegt werden immer länger und verläuft in Wellen.

04 Die Menschen arbeiten zusammen, was es entspannter macht. Niemand redet oder guckt böse, es gibt keine Kommandos.

05 Das Verstehen löst Frust aus, der verarbeitet wird.

03

04

05

SICHERHEIT KOMMT DURCH GEWOHNHEIT

Einen sehr jungen oder sehr unerfahrenen Hund in neue und herausfordernde Situationen zu bringen, ist eigentlich ganz leicht. Auch hier geht es nämlich darum, eher weniger als mehr zu tun.

Nehmen wir also einmal an, du möchtest deinem Welpen die Innenstadt zeigen. Zuvor habe ich ja schon beschrieben, wieso das sinnvoll ist, auch wenn er später nicht mit in die Stadt kommen muss. Die Innenstadt ist voller Eindrücke und Gerüche und sorgt für Aufregung, Stress, Frust und Freude gleichermaßen. Es tut also gut, hier ein bisschen für Ruhe zu sorgen. Das kannst du machen, indem du deinen Welpen in einer Tasche oder auf dem Arm trägst und nur ein kleines Stück läufst. Sobald du einen übersichtlichen Platz gefunden hast, begibst du dich irgendwo hin, wo du dich mit dem Rücken an eine Wand oder Fassade stellen oder setzen kannst. Nun hat dein Hund Aussicht nach vorn und es ist alles etwas besser zu überblicken, da euch nichts von hinten überraschen kann.

Will jemand deinen Hund anfassen, dann schau, ob er gerade sehr abgelenkt ist und Zeit für sich braucht oder ob es o. k. ist. Ich persönlich finde es gut, den Welpen auch von vielen Menschen streicheln zu lassen. So lernt er, wie sich Menschen typischerweise verhalten. Und Menschen sind nun mal übergriffig. Das ist ebenfalls kein Problem für Hunde, solange sie das kennen und einschätzen können. Und das heißt lange nicht, dass sich dein erwachsener Hund von Fremden anfassen lassen muss. Hier ist eine deutliche Unterscheidung von Welpen zu Erwachsenem notwendig.

Sollte dein Hund durch den freundlichen und von dir bitte aufmerksam kontrollierten Kontakt zu fremden Menschen, die ihn streicheln wollen, Freude empfinden und nicht hochdrehen, dann lasse es gern im moderaten Rahmen zu. Findet er gerade zur Ruhe und schläft, dann weise die anderen Leute bitte höflich zurück, damit dein Welpe ausruhen kann.

Du musst ja nicht zum Einstieg am Freitag Nachmittag auf den Weihnachtsmarkt. Probiere es doch mal mit einer kleinen Straße an einem normalen Wochentag aus. Verwirre den Hund nicht mit zusätzlichen Informationen. Verhalte dich also ruhig und still und unterdrücke den Impuls, alles kommentieren zu wollen oder den Hund zu etwas bringen zu wollen. Gib ihm Zeit, selbst zu entscheiden, was er ansehen und tun möchte und sei einfach nur da. Bleibe in entspannter und gut gelaunter Stimmung als Vorbild und bewege dich so wenig wie möglich. Lasse deinen Hund ausgiebig und lange schauen, schnuppern, horchen und beobachten. Verweile einfach an dem Ort und warte ab, bis sich dein Hund beruhigt und vielleicht sogar einschläft.

Sollte er Angst haben, ziehe betont entspannt weiter und mache kein Trara darum. Suche wie zufällig einen neuen Ort zum Niederlassen aus. Vielleicht möchte er sogar von sich aus auf den Boden herunter und sich da noch mal genauer in seinem nahen

Gewöhnung an ungewohnte Situationen braucht Zeit und Wiederholung.

Umfeld umsehen und schnuppern. Lass ihm Zeit! Es spricht nichts dagegen, zwei Stunden in einem Café zu sitzen und ihn einfach schauen zu lassen. Verlässt du die Situation zu früh, ist das für ihn viel schlimmer, als wenn du lange bleibst. So kann er sich regulieren und gewöhnen und geht nicht mit dem Gefühl, dass es extrem aufregend war, sondern mit dem Gefühl, dass es am Ende ganz o. k. war. Diese Lernerfahrung wird ihm verwehrt, wenn er direkt nach ein paar Minuten wieder weggetragen wird und gar nicht recht begreifen konnte, was um ihn herum passierte, und dass es in Ordnung war, wie es war. Oft verläuft Beruhigung in Wellenform und nicht linear.

Es ist hilfreich, den Hund wortlos in die Statik zu zwingen. So beruhigt er sich schneller.

Der Mensch bleibt weiterhin gut gelaunt …

In kleinen Schritten an etwas gewöhnt zu werden, bezieht sich auf die Intensität der Ablenkungen, nicht auf die Dauer der Zeit. Ich weiß, dass hier die Sorge besteht, den Hund zu überfordern, aber das ist unberechtigt. Alles ist im Welpenalter spannend und neu, völlig egal wo du bist. Auch eine Stunde im Garten oder in der Welpengruppe ist ein Feuerwerk an Eindrücken für ihn und da würde niemand besorgt nach einer Viertelstunde gehen.

Wenn der Welpe bei dir einzieht, ist er vierundzwanzig Stunden am Stück in einer aufregenden, neuen Umgebung. Überforderung tritt dann auf, wenn der Hund keine Gewöhnung erleben kann. Die Situation sollte also möglichst gleichbleibend sein und der Ort ebenfalls. Der Mensch sollte dabei keine Aufmerksamkeit abverlangen.

Wenn der Hund sich beruhigt hat oder sogar schläft, verlasse die Stadt wieder ohne viel Aufheben und ohne zu vermitteln, dass dies etwas Besonderes war. Verhalte dich so, wie du möchtest, dass dein Hund es bewertet: normal und alltäglich! Wie sollte dein Hund es als normal bewerten, wenn du ihm beibringst, dass es das nicht war? Nach so einem Eindruck braucht er Pause und Ruhe. Hier kann er sich wieder erholen. Hat er dazu ausreichend Möglichkeiten, dann wird er auch nicht überfordert. Erholung findet immer da statt, wo der Hund in gewohnter Umgebung ist. Also da, wo er sich auskennt, alles gut einschätzen kann und wo er schlafen kann. Und da merkst du schon, wo es hinführt. Je mehr er an die Situation in der Stadt gewöhnt ist, je öfter er sie erlebt und je normaler sie für ihn ist, desto erholsamer ist es dort auch für ihn. Jeder neue Ort schaltet eine weitere Insel der potenziellen Ruhe und Entspannung frei für deinen Hund, wenn er zu einem gewohnten Ort gemacht wird. Je verschiedener die gewohnten Orte sind, desto besser kann dein Hund sie auf alle neuen Orte übertragen.

Hunde, die es gewohnt sind, schlafen auch mitten in der Innenstadt ganz entspannt. Stress entsteht nicht durch die Innenstadt, sondern durch die fehlende Gewöhnung. Nicht die Orte sind es, die Hunde grund-

... und wirkt so co-regulierend und hilfreich für seinen Hund.

sätzlich in Stress bringen, sondern die Besonderheit an ihnen, weil sie nicht regelmäßig besucht werden. Alles, was gewohnt ist, wird normal und löst keinen Stress aus. Abgesehen von extremer körperlicher Belastung wie starkem Lärm, Hitze oder Kälte. Selbst Helikopter fliegen und aus zehn Metern ins Wasser springen ist für ausgebildete Rettungshunde wenig stressig, weil sie es tausendfach wiederholen. Für jeden Hund, der das nicht kennt, wäre es dagegen eine Qual. Denk also daran, dass du mitbestimmst, was deinen Hund stresst und was für ihn normal ist. Ob du am Ende zu Besuch bei Freunden oder der Familie bist und dort mit ihm übernachtest, unterscheidet sich wenig von einem Aufenthalt in einem Hotel. Ob du ihn mit in ein Restaurant, einen Biergarten oder das Wartezimmer der Tierärztin nimmst, ist egal. Was er lernt, ist, an Orte mitzukommen, an denen etwas los ist und die ihm fremd sind. Das kann man meist sowieso irgendwann gebrauchen und sei es nur, wenn man wirklich zur Tierärztin muss. Oder einfach nur dafür, den Hund stressresistent und frustrationstolerant zu machen, auch wenn man die Situation selbst nie wieder braucht, nachdem der junge Hund sie gelernt hat. Wer verrückte Dinge kennt, den können normale Dinge nicht aus der Ruhe bringen.

Was als Welpe gelernt wurde, sitzt beim erwachsenen Hund.

WIE SICH EINE KASTRATION AUSWIRKT

Ob man einen Hund kastriert, ist immer eine Einzelfallentscheidung die gut überlegt sein will. Das WANN ist dabei aber das Wichtigste.

Eine frühe Kastration bewirkt eine unvollständige Entwicklung der Selbstregulation, also Frustrationstoleranz, Impulskontrolle und die allgemeine Fähigkeit, seine Gefühle und Stress zu regulieren und herunterzufahren. Je nachdem, wo der Hund als Welpe startet, kann das geringe, aber auch dramatische Auswirkungen haben und ihn lebenslang unnötig aufgeregt und unkontrolliert machen. Das hat nichts mit einer persönlichen Meinung zu Kastration allgemein zu tun und nach wie vor bleibt die Entscheidung dafür oder dagegen eine individuelle. Dass das Unterbinden der Pubertät relevante Auswirkungen auf die körperliche und psychische Entwicklung hat, ist aber hinreichend erforscht und erwiesen und lässt sich medizinisch nachvollziehen und belegen. Die Entwicklung des Gehirns zur vollen Reife braucht die Pubertät.

Eine Kastration hat physische und psychische Vor- und Nachteile.

Früh kastrierte Hunde verhalten sich oft „überdramatisch".

Aber was passiert da genau, und wieso haben Sexualhormone etwas mit der Selbstregulation des Hundes zu tun? Wie zuvor schon beschrieben, entwickelt sich die Fähigkeit der Frustrationstoleranz während der Zeit der Persönlichkeitsentwicklung. Diese Entwicklung wird durch die Pubertät und den damit verbundenen Umbau im Gehirn abgeschlossen. Der Umbau wird durch die Sexualhormone eröffnet und bis zum Ende geführt. Fallen diese Hormone weg, dann stagniert auch die Hirnentwicklung und damit auch die Festigung der erwachsenen Basisfähigkeiten wie der Frustrationstoleranz. Das bedeutet im Klartext: Wird der Hund vor dem endgültigen Ende der Pubertät kastriert, egal ob operativ oder chemisch (also mit dem Kastrationschip), dann wird die Fähigkeit nie dem entsprechen, was er hätte erreichen können. Er wird lebenslang unter seinen genetisch vorgegebenen Möglichkeiten spielen. Vielleicht reicht es trotzdem aus, um richtig gut dazustehen, aber es hätte mehr sein können, wenn er die Reife erreicht hätte. Dieses Problem wird vor allem dann zu einem, wenn Hunde aus dem Tierschutz sehr früh kastriert werden, da diese sowieso auf einem hohen Stresslevel sind, zu Ängsten und Unsicherheit neigen und eher fahrig und unbeherrscht sind. Ihnen würde man mit einer Sterilisation helfen, bei der die Hormone natürlich im Körper weiter entwickelt werden. Oder indem man auf eine Kastration der Hunde, die nach Deutschland gebracht werden, vollständig verzichtet, mindestens bis der Hund komplett ausgereift ist.

Je nach Hundetyp ist das Ende der Pubertät zwischen dem dritten und vierten Lebensjahr erreicht. Wer die Wahl hat, sollte zumindest bis zu dieser Lebensphase auf eine Kastration verzichten, wenn es irgendwie möglich ist, und dafür ein größeres Augenmerk auf die Erziehung und den Ausbau der Frustrationstoleranz legen. Wie man sich danach entscheidet, ist von vielen weiteren Faktoren abhängig. Geht es um den Punkt der Selbstregulation, ist es aber gut zu wissen, dass diese durch eine frühe Kastration weniger gut ausgebaut wird als sie es naturgemäß könnte. Ob einem ausreicht, was der junge Hund hat, oder wie die Kosten-Nutzen-Rechnung in Bezug auf alle anderen Fragen und Themen rund um die Kastration ist, muss jeder selbst entscheiden. Jeder sollte aber auch alle möglichen Risiken kennen.

JEDER ORGANIS-
MUS STREBT
NACH WOHL-
GEFÜHL

UNGÜNSTIGE KOMPENSATION

Erwachsene Hunde haben bereits Kompensationsstrategien bei Frust entwickelt, Welpen lernen sie mit dir.

Wird der Hund mit Stress und Frust belastet, dann sucht der Körper dabei und auch danach nach Möglichkeiten, wieder in seine Komfortzone zu kommen. Hat das Gehirn nicht gelernt, das intern über das Ausschütten beruhigender Botenstoffe zu tun, dann tut der Hund Dinge, um seinen Spiegel dieser Botenstoffe im Kopf zu verändern, die ungünstig sein können. Was sich nämlich für ihn auch gut anfühlt, ist das **Auslösen des Belohnungssystems** im Gehirn. Das beruhigt zwar nicht, lindert aber das unangenehme Frustgefühl. Und da sitzt der Haken: Das gezielte Aufsuchen von Belohnungsausschüttungen statt der hilfreichen Beruhigungsmaßnahmen hat einen **suchtähnlichen** Charakter. Der Hund lernt über die Wiederholung, dass es sich gut anfühlt,

Manch ein „Spiel" ist eher ein Dampfablassen am Gegenüber.

statt sich herunterzupegeln einfach so sehr aufzudrehen, dass die aufregenden Botenstoffe den Frust geradezu betäuben und übertönen.
Das sieht dann ungefähr so aus: Der Hund versucht über selbstbelohnendes, aber überhaupt nicht beruhigendes oder hilfreiches Dauerbellen den Frust nicht mehr zu spüren. Sein Stresspegel steigt dabei immer mehr an. Irgendwann ist er erschöpft, aber nicht beruhigt. Er kann bloß nicht mehr. Auf Dauer kommt es dann schlimmstenfalls zu einer Stressbelastung, die ein ungesundes Ausmaß annehmen kann. Das passiert, wenn diese Kompensationsformen gefördert und Frustrationstoleranz dagegen nicht gefördert werden. Es ist jedoch nicht nur das Dauerbellen oder stundenlanges Fiepsen. Auch wildes Rennen, das geradezu zwanghaft in frustrierenden Situationen gezeigt werden muss, um wieder ansprechbar zu werden, gehört dazu. Das Beißen anderer Hunde nach einer frustrierenden Situation und auch das „Abarbeiten" durch ein liebloses, viel zu heftiges und oft aufgezwungenes „Spiel" mit bekannten Hunden.

Wer diesen Umgang mit Frust zulässt oder sogar fördert, verstärkt das Problem, dass der Hund in der Aufregung sein Heil sucht und immer weniger zur Ruhe findet.

Den Hund wie wild rennen zu lassen zum Stressabbau, vielleicht sogar noch Bewegungsreize wie Bälle einzusetzen, um die aufregenden, aber angenehmen Ausschüttungen zu fördern, ist so ein typischer Fehler. Um sich beruhigen zu können, muss man sich nicht erstmal richtig aufregen! Diese Lehre zu vermitteln kann fatale Folgen haben. Denn der Hund greift dann immer darauf zurück. So kann er irgendwann beim Aufeinandertreffen mit einem anderen Hund abblitzen oder Demut zeigen müssen, obwohl er das nicht wollte und dann durch den aufkommenden Frust dazu getrieben werden sein Standardprogramm abzuliefern. Er stürzt sich auf einen dritten, schwächeren Hund, er rennt los und jagt, er zeigt völlig unangemessenes und distanzloses Sexualverhalten. Gerade das exzessive Aufreiten bei anderen Hunden ist weniger ein Problem der überschäumenden Sexualhormone, sondern eine sehr ungünstige, erlernte Kompensationsstrategie bei Frust. Hier fehlt das Hemmen des Impulses aufzureiten und die gesunde Auseinandersetzung mit Frustration.

Hunde wählen nicht immer optimale Kompensationsstrategien zum Stressabbau.

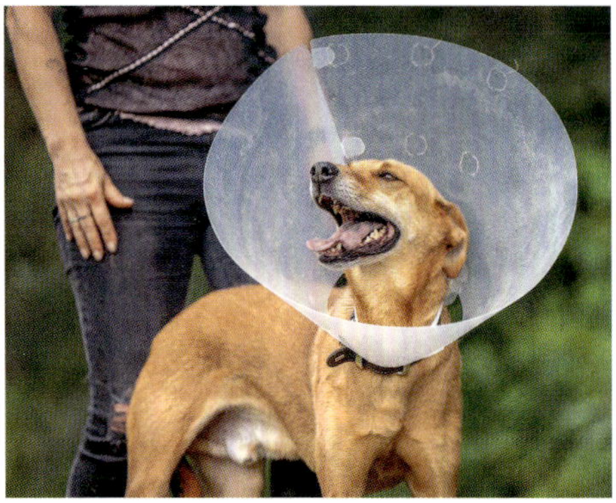

01

02

01 Den Kragen zu tragen sorgt hier für Frust und Stress, den der Hund abbauen möchte.

02 Als Strategie hat er sich selbst beigebracht, selbstbelohnendes und aufgeregtes Verhalten zu zeigen.

03 Das hilft zwar nicht, fühlt sich aber besser an als Frust.

04 Sein Mensch hilft über das Einfordern von Statik und Ruhe und hält ihn fest.

03

Auch den Hund ständig in herausfordernden Situationen mit Futter oder Kauartikeln beruhigen zu wollen, kann zur Folge haben, dass der Hund automatisch über Fressen versucht zu kompensieren. Er frisst dann plötzlich Hundehaufen oder anderen Unrat vom Boden, sobald er seelisch beansprucht wird. Hier ist es bei Welpen notwendig, solche Entwicklungen im Keim zu unterbinden und sofort mit einem sinnvollen Frustrationstoleranztraining zu beginnen, in dem der Hund lernt, seinen Frust zu regulieren, ohne dafür Ablenkungsmethoden zu nutzen, die ihm langfristig schaden. Stressabbau braucht Ruhe und keine weitere Aufregung! Erwachsene Hunde können

04

diese erlernten Mechanismen „umlernen". Oft ist das beschwerlich, da sie sich so lange schon bewährt haben. Es gilt hier neue Möglichkeiten zu erkunden, um sich zu helfen. Oder für Welpen direkt richtige und gesunde Möglichkeiten zu finden. **Am besten eignet sich der Körperkontakt zum Menschen. Dieser wirkt beruhigend und sorgt für die Ausschüttung neutralisierender und stressabbauender Botenstoffe im Gehirn. Ebenso tun es Statik, Liegen, tiefes Atmen und Schlaf.** Das alles sind Kompensationsstrategien, die immer hilfreicher sind als: Rennen, Beißen, Fressen oder Jagen. Du kannst das bei deinem Hund fördern. Wie das geht, erfährst du jetzt.

SINNVOLLE KOMPENSATION FÖRDERN

Was der Hund tut, um sich zu helfen, kann von dir beeinflusst und geändert werden. Bedenke dabei, welche Möglichkeiten du langsfristig zur Verfügung stellen kannst.

DIE PARKPOSITION

Wenn du mein letztes Buch „Hunde fühlen und anleiten" hast, dann hast du bereits viele Möglichkeiten zu helfen. Die Parkposition ist zum Beispiel eine effektive Übung, um den Hund innerhalb einer anstrengenden Situation immer wieder „herunterzukochen", ohne blöde Strategien zu fördern. Dafür wird der Hund, wenn er beispielsweise mit anderen Hunden viel zu wild spielt, immer wieder rangeholt und kurz in der Position ganz nah ans Bein des Menschen gedrückt festgehalten. Sehr konsequent, still, ohne Kommando und sachlich. Er kann dabei stehengelassen oder mit der Hand ins Sitz bewegt werden. Hauptsache das alles passiert so bewegungsarm und still wie möglich. Egal was der Hund tut, er wird immer wieder kommentarlos in die Position geschoben, eine Hand hält ihn vorn im Halsband oder liegt flach auf seinem Körper. Dort wird er so lange fixiert, bis er ruhiger atmet, seine Muskeln sich entspannen und er sich nicht mehr dagegen wehrt oder kämpft. Erst wenn sein Stresssystem sichtbar, hörbar und fühlbar heruntergefahren wurde, wird er langsam und ohne Ansprache oder Beachtung losgelassen und darf weitermachen. Das wird während der Situation immer wieder wiederholt. Am besten natürlich im ersten Ansatz der Übererregung und nicht erst, wenn der Hund vollkommen hochgefahren ist.
Diese Technik kann genauso bei extremer Aufregung in Begrüßungssituationen genutzt werden. Es geht um die mehrfache Wiederholung und das immer wieder Verbinden von Statik, Ruhe und Aufregung im Wechsel. Es ist übrigens normal, dass das bei vielen Hunden bedeutet, dass man das während einer halbstündigen Situation zwanzigmal machen muss. Eine Schleppleine eignet sich hier im Freilauf und Spiel zum kommentarlosen Heranangeln des Hundes, um ihn in die Parkposition zu bringen. In Welpenspielgruppen sollte diese Technik ein Standardprozedere sein.

Stilles Festhalten und ruhig bleiben sind immer gut bei Stress.

Keine Aufmerksamkeit auf das Verhalten legen und trotzdem nah sein.

KÖRPERKONTAKT FÖRDERN

Übt man mit dem erwachsenen Hund oder Welpen und ist in direkter Nähe, dann kann und sollte jeder ruhige Körperkontakt in der frustrierenden Situation unbedingt beantwortet und gefördert werden.
Setze dich während der Übungen in erreichbare Nähe, am besten auf den Boden. Einzige Ausnahme ist, wenn dein Hund im Frust mit dir unachtsam und auffordernd umgeht. Kommt er zu dir, ist mit der Aufmerksamkeit noch bei dem Objekt der Begierde und lehnt sich bei dir an oder drück sich nah an dich, dann lege eine Hand auf seinen Körper. Sage nichts, schaue ihn nicht an. Streichle ihn erst nach ein paar Minuten sehr, sehr langsam, wie in Zeitlupe, und ohne ihn groß zu beachten. Ganz beiläufig. Steht er auf und geht, fängt an zu zappeln oder nimmt direkten Kontakt zu dir auf, indem er dich quengelnd anschaut oder bellt, dann nimm die Hand ruhig wieder weg und lege sie auf dein Bein. Nur wenn er wirklich deine Nähe als Ankerpunkt aufsucht und dadurch ruhig wird, legst du sie wieder auf ihn. Sage dabei nichts und schaue entspannt an deinem Hund vorbei.

Sei nur da und versuche bitte nicht, es auszulösen, dass er diese Position aufsucht. Er muss es von sich aus tun, ohne gelockt oder gerufen zu werden. Du bietest etwas an, was er ablehnen darf. Hier ist wieder deine Geduld gefragt, dich nicht einzumischen. Du lobst auch nicht und deine Aufmerksamkeit bleibt bei dir, deiner Ruhe und tiefen Atmung.
Viele Hunde brauchen mehrere Wochen, bis sie begreifen, dass das An-den-Menschen-Schmiegen und Hinsetzen oder Hinlegen für sie hilfreich sind. Dass sie es selbst herausfinden, selbst erleben und für sich als Option finden, ist das Wichtigste, um als Kompensationsform abgespeichert zu werden. Du kannst nur alle schlechten Kompensationsmöglichkeiten konsequent unterbinden und vermeiden, sodass der Hund sich neue Möglichkeiten suchen muss. Hat er erst verstanden, dass die alten Optionen nicht mehr funktionieren und Nähe, Statik und Ruhe hilfreich sind, dann wird er in Zukunft selbst diese Position aufsuchen.

MASSAGETECHNIKEN UND BEWUSSTER KÖRPERKONTAKT

Du kannst ihm helfen, indem du außerhalb der schwierigen Situationen, zu Hause und ohne Ablenkung Massagetechniken und bewussten Körperkontakt übst. Es geht hier NICHT um die Übernahme dieser Techniken in die schwierigen Situationen. Deine Massage wird nur zu Hause genutzt. Sie soll in ruhigen und gleichbleibenden Momenten immer und immer wieder gemacht werden. Sie ist dafür da, um sich nach dem Stress gezielt und schnell zu erholen. Sie soll stärken und bereitmachen, um beim nächsten Mal aus einer besseren Position zu starten. Nutze sie bitte dafür, dann wirst du damit auch Erfolge haben.

Starte mit einem immer gleichbleibenden Ritual, am besten am Abend vor dem Schlafen. Nimm dieselbe Decke und dunkle den Raum ab, das aktiviert die Ausschüttung von schlafförderndem Melatonin im Körper. Mache immer dieselbe Musik an und massiere oder streichle deinen Hund nach einem gleich ablaufenden Muster. Auch hierzu findest du in meinem Buch „Hunde fühlen und anleiten" Erklärungen und Anleitungen. Du kannst aber auch ein Seminar zur Hundemassage besuchen oder dich von einer Hundephysiotherapeutin oder einem -therapeuten einweisen lassen.
Dein Ritual sollte jeden Abend zur selben Zeit auf dieselbe Weise wiederholt werden. Die Wirkung wirst du auch an dir spüren. Innerhalb einiger Wochen wird dein Stresssystem bereits beim Start des Rituals merkbar und schnell herunterfahren. Euer beider Schlafqualität wird sich dadurch verbessern und ihr beide werdet am nächsten Tag in eure Übungen und das Leben mit mehr Kraft starten, mit Frust klarzukommen. Ganz nebenbei stärkst du die freundschaftliche Beziehung zu deinem Hund und ihr erlebt neben den eventuell auch anstrengenden und zermürbenden Problemen, die ihr vielleicht miteinander durchlebt, etwas Schönes, das nur euch gehört und euch einen Moment miteinander gibt, der einfach gut und richtig ist. Für deine eigene Selbstregulation ist so ein Ritual ebenfalls Gold wert!

SCHLAF FÖRDERN

Nach Frust und Stress ist es außerdem hilfreich standardmäßig Schlaf zu fördern.
Es kann sein, dass du deinen Hund dazu nötigen musst. Eine kuschelige Box, ein Schlafplatz mit Anbindevorrichtung oder Ähnliches kann dabei helfen. Hier sollte der Hund nach einer Übung oder viel Aufregung für einen Zeitraum von einer dreivier-

tel Stunde oder einer Stunde ritualisiert zur Ruhe gebracht werden, um sich auszuschlafen und Stressabbau über Schlaf als Standardprogramm zu etablieren.
Sehr aufgeregte Hunde oder pubertierende Hunde profitieren oft auch von einem Mittagsschlaf, der immer zur selben Zeit stattfindet. Wie bereits erwähnt ist hier eine Box mit Sichtschutz, in der es dunkel und kuschelig ist, gut geeignet.
Das Schlafenlassen in einer Box ist übrigens in Deutschland nicht verboten und nicht tierschutzrelevant! Das Halten in einer Box allerdings schon. Bei der Schlafförderung geht es aber um eine situatives und erlerntes Herunterkommen innerhalb eines sehr begrenzten Zeitraumes und nicht um ein „Wegsperren". Weder ist das Ruhenlassen in der Box für Hunde eine Strafe noch schadet es ihnen.
Die Box sollte als normaler Schlafort etabliert werden und nach der Eingewöhnung als Rückzugsort offen bereitstehen. Für die Zwangspausen nach angespannten Momenten darfst du die Tür schließen und deinen Hund in deiner Anwesenheit für die Zeit des Mittagsschlafes in Ruhe lassen.
Sollte dein Hund durch schlechte Erfahrungen Angst vor der Box haben, weil er zum Beispiel aus dem Ausland geholt und extrem lange in einer engen Box transportiert wurde, dann hole dir bitte professionelle Hilfe, um ihm die Box noch einmal anders vorzustellen. Die meisten Hunde lieben ihre Boxen, liegen freiwillig darin und nutzen sie gezielt als Rückzugsort, um Ruhe zu tanken. Auch die, die in der Pubertät dazu gezwungen wurden, dort einen kurzen Moment des Tages zu schlafen, um besser mit dem Leben klarzukommen.

Achtsames Kuscheln löst den Stress des Frusts nach dem Üben auf.

DER MENSCH IM SYSTEM

WIE STEHT ES EIGENTLICH MIT DIR?

Hoppla, das kam unterwartet! Was hat denn deine soziale Kompetenz damit zu tun? Eine Menge! Erziehung und Anleitung sind immer nur dann erfolgreich, wenn der Hund die Chance bekommt, dich als eine Person zu sehen, die es drauf hat, Führung zu übernehmen.

Deine sozialen Fähigkeiten entscheiden also maßgeblich darüber, ob ein Lob von dir etwas wert ist, auf das man sich etwas einbilden kann, und auch, ob eine Unterbrechung durch dich als ernst zu nehmend angesehen wird. Nicht die Wucht und Heftigkeit der Unterbrechungsmaßnahme macht den Unterschied. Es geht nicht darum, doll und hart zu handeln. Es geht darum, WER etwas macht. Ob es vom Hund als wichtig erachtet wird, dass diese Person missbilligt, was er da tut.

Wir reiten so viel auf Techniken herum, alle Welt denkt, es wäre eine Frage, was man tut. Alle wünschen sich Anleitungen. Was soll ich sagen, machen, tun? Welches Instrument oder Hilfsmittel brauche ich? Dabei ist das der unwichtigste Part! Egal welche Methode du wählst und wie toll sie bei irgendjemand anderem geklappt hat: Sieht dein Hund dich im falschen Licht, dann wird er sie nicht für voll nehmen. Auch nicht, wenn du immer härter und heftiger wirst. Du bist es als Person, die ausmacht, ob ein Blick von dir ausreicht, um die Stimmung zu verändern und Aufmerksamkeit zu bekommen.

Stell dir vor, du würdest von jemandem angeleitet werden, der einfach ein „Lauch“ ist: reaktiv, unvorhersehbar und cholerisch oder der immer allen alles recht machen will, nicht auf den Punkt kommt und lasch ist – Lauch eben. Wenn dieser Lauch die wichtigsten Entscheidungen für dein Leben treffen soll und darf, dann wirst du dich dagegen auflehnen. Wenn du die Person nicht ernst nimmst, sie unfair findest und ihre Entscheidungen anscheinend nur von ihrer wankelmütigen Stimmung getroffen werden, dann ist es dir egal, ob diese Person stolz auf dich ist. Wenn alles, was du tust, sowieso Gold ist, was ist da ein weiteres Lob vom Lauch schon wert? Wen interessiert, ob es den Lauch stört, was du tust, und ob er mit Strafen droht? Ja, es ist gemein und natürlich bist du kein Lauch, sondern schlimmstenfalls eine Lauchzwiebel, die in der richtigen Erde und mit etwas Mühe, Licht und Wasser zu einer großartigen Pflanze heranwachsen kann. Wusstest du, dass Lauch, wenn man ihn pflegt, anstatt ihn auszureißen, prachtvolle gelbe Blüten entwickelt?

Anstatt zu versuchen, den Hund zu überzeugen, für Bestechung oder drakonische Strafmaßnahmen für den Lauch noch eine Pfote krumm zu machen, sollte dieser also lieber zu seiner vollen Pracht heranwachsen dürfen und dann ernst genommen werden können, ohne zu tricksen.

Man kann sich sicher durchs Leben schummeln. Mit heftigen Zwangsmaßnahmen wie Stromhalsband, Stachelwürger und dem

permanenten Durchexerzieren der immer gleichen Kommandos bis zum Erbrechen kann man den Hund zu einem kleinen Soldaten machen, der tut, was man ihm sagt und sein Leben in einer Dauerschleife aus ausgeführten Kommandos absolviert. Seine Persönlichkeit bleibt dabei nach außen hin unsichtbar, er wird wie ein Retorten-Vorzeige-Befehlsausführer, weil ihm gar nichts anderes übrig bleibt. Ohne Kommando ist er dann verloren, oft aggressiv, aufgewühlt und sucht nervös nach Anweisungen durch seinen Menschen.

Eine Führungsperson zu sein, heißt nicht, sich immer darzustellen. Es bedeutet, sich durchsetzen zu können, wenn nötig. Und den Rest der Zeit einfach freundlich und zugewandt zu sein.

Das richtige Maß an Selbstverantwortung und Anleitung macht glücklich.

Wenn es ganz schlimm kommt, kann er selbst die einfachsten Schritte nicht mehr allein machen, folgt dem Menschen bis auf die Toilette, wenn dieser kein Kommando zum Liegenbleiben gibt, und verliert jedes Gefühl der Selbstwirksamkeit. Das ist ein Extremfall. Zum Glück gibt es ihn selten, aber es gibt ihn heute noch.

Was aber keinesfalls auch nur einen Deut besser wäre und heutzutage eher in Mode zu sein scheint, ist das dressierte „Zirkuspony", das von morgens bis abends mit geflöteten Kommandos, Futter und Spielzeug in die gleiche Lage gebracht wird, nur dass man heute denkt, dass dies die nette Seite derselben Medaille wäre. Auch hier wird der Hund nicht geschult, selbst gute Entscheidungen zu treffen, sondern jede Handlung, die unerwünscht oder erwünscht ist, mit einem Wort belegt und ausschließlich über Konditionierungsprozesse versucht, diese einzuarbeiten. Egal ob Stromhalsband und körperlicher Zwang oder ausschließliche Belohnung und Ablenkung: Methoden bleiben Methoden und wenn nichts dahinter ist und es nur um die Methode geht, dann ist es der Versuch, zu programmieren und nicht zu erziehen. Es macht keinen Unterschied, ob man „böse" oder „nett" programmieren will.

Ein Hund ist ein soziales Lebewesen und braucht echte, soziale Interaktion und Reaktionen. Die Art der Beziehung zum Menschen und seiner Persönlichkeit unterscheidet den gut erzogenen Hund vom „unter Dauerkontrolle gehaltenen Hund". Wer also nach mehr als Dauerkontrolle und Vermeidung schwieriger Situationen Ausschau hält,

der kommt nicht darum herum, sich mit seiner eigenen Persönlichkeit und dem Stärken der eigenen Fähigkeiten auseinanderzusetzen. Ich bin mir ganz sicher und teile diese Meinung mit vielen meiner geschätzten Kolleg*innen: Würde jeder Mensch mit Hund an seiner eigenen Selbstregulation arbeiten, würde jeder aktiv etwas dafür tun, überlegter, bewusster und sachlicher mit dem Hund zu handeln, sich selbstbewusst verhalten und gezielter eingreifen oder laufen lassen, dann wären viele Techniken am Hund hinfällig oder nur das Sahnehäubchen auf einem Erziehungskonzept.
Das hier gerade ist das wichtigste Thema dieses Buches, der Teil, den du dir merken solltest, selbst wenn du alles andere vergisst. Die Aussage, die mir am wichtigsten von all dem ist, was hier sonst noch steht:

Deine Selbstregulation, dein Umgang und dein Auftreten im Alltag bestimmen darüber, ob ein Problem mit dem Hund leicht oder schwer behebbar ist und ob du dafür bestimmte Techniken überhaupt jemals brauchen wirst. Wenn du deine Persönlichkeitsentwicklung nicht in den Fokus nimmst, dann bleiben alle Techniken nur Tricks und Tipps zum Programmieren.

01

02

03

01 Der Welpe benimmt sich wie ein Welpe es eben tut: übermütig.

02 Sein Mensch bleibt ruhig und gefasst und unterbindet trotzdem selbstsicher das Anspringen.

03 Ohne großes Aufheben bietet er direkt wieder einen freundlichen und engen Kontakt an. Kein einziges Wort oder Kommando wurde hier gegeben.

ENTSCHULDIGUNG FÜR DEN SCHLAG!

Das war eben wahrscheinlich eine harte Ansage und ich hoffe, dass du dich davon motiviert fühlst und nicht herunterziehen lässt. Auch wir können lernen und uns entwickeln und das ebenfalls lebenslang.

Selbst wenn deine Impulskontrolle und deine Frustrationstoleranz richtig schlecht ausfallen, weil du als Kind vielleicht nicht ausreichend gefördert wurdest oder etwas deiner eigenen Entwicklung im Weg gestanden hat, dann kannst du trotzdem ganz viel tun und genauso wie dein Hund wachsen, vielleicht sogar mit ihm zusammen im Team. Was du brauchst, sind Kompensationsmaßnahmen für den eigenen Frust.

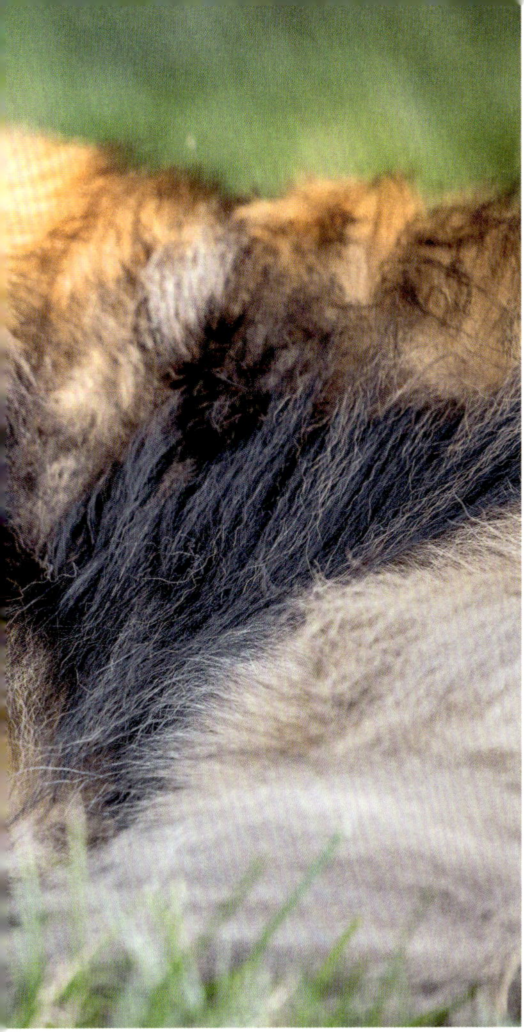

Genau wie Hunde lernen wir lebenslang. Locker zu bleiben ist nicht mal so eben gemacht. Vielleicht fehlt uns aber auch nur ein bisschen Übung.

WISSEN UND VERSTÄNDNIS

Die erste Maßnahmen sind Verständnis und Erkenntnis, um sich emotional vom Verhalten des Hundes lösen zu können. Beim Üben wird dein Hund an seine Grenzen kommen und du hast genau da die Möglichkeit, immer wieder zu sehen, dass er nicht anders kann. Er kann sich nicht entscheiden, nun keinen Frust mehr zu empfinden. Er wird vielleicht wütend werden oder sich wild gebärden, aber das sind Anzeichen für seine Lösungsfindung. Er kann es noch nicht anders, NOCH nicht. Wenn du während des Übens darauf achtest, deinem Hund seine Gefühle zuzugestehen, ohne dich angegriffen zu fühlen, dann bist du weniger frustriert und kannst besonnener handeln.

Wissen und Verständnis helfen dir, dass du dich auf dich konzentrierst und auf deine Vorbildfunktion im Konflikt.

Um ein gutes Vorbild zu bleiben, kannst du durch besonnene Handlungen und ruhige Atmung deine Kompetenz stärken, souverän und klar aufzutreten – würdevoll eben.

Die Übungen sind extra so aufgebaut, dass du die Situation gezielt stellen und herstellen kannst und weißt, was auf dich zukommen wird. Dadurch bist du vorbereitet und kannst viel besser eingreifen, wenn du merkst, dass du die Nerven verlierst.

Dein Hund lernt dich so immer öfter als eine Person kennen, die sich zurücknehmen und achtsam handeln kann, ohne ihren Gefühlen reaktiv ausgeliefert zu sein: Eine Win-win-Situation. Du übst dich und dein Hund bekommt ein anderes Bild von dir.

Und nun kommen weitere Ideen, mit denen du deine eigene Fähigkeit stärken kannst, deine Frustration zu kontrollieren und deine Gefühle selbst herunter zu regulieren. Auch bei uns Menschen macht Übung den Meister und es ist ganz nützlich, mal am eigenen Leib zu erleben, was so eine Übung eigentlich bedeutet. Es schult die Empathie dem Hund gegenüber, selbst Dinge zu machen, die wirklich frustrierend sind, und du wirst merken, dass es dir helfen kann, dich gezielt mit der eigenen Frustration und deinen Impulsen auseinanderzusetzen.

DIE EIGENE SELBST-KONTROLLE FÖRDERN

Auch du kannst an deiner eigenen Selbstregulation arbeiten. Wenn du Spaß am Ausprobieren hast, dann begib dich auf Entdeckungsreise frustrierender Ereignisse und beobachte dabei, wie du so gestrickt bist und was dich aus der Fassung bringt.

Sich selbst auf die Probe zu stellen, muss nichts mit dem Hund zu tun haben. Übungen schenkt einem das Leben an jeder Ecke.

UNANGENEHME SITUATIONEN AUSHALTEN

Setze dich bewusst einer unangenehmen Situation aus und halte durch, ohne zu klagen und ohne dich abzulenken. Manch einer braucht sich dafür nur in die Sauna zu setzen, ohne ächzen zu dürfen. Für den nächsten braucht es schon danach die eiskalte Dusche, ohne eine Miene zu verziehen. Das Versprechen an dich selbst, bei der Party keine Süßigkeiten zu essen, komme, was wolle, und das auch wirklich durchzuziehen, ohne davon zu erzählen oder zu jammern.

YOGA

Wenn du gerade anfängst, sind Yogapraktiken ganz großartig und haben genau das als Hauptziele: reaktives Verhalten abdämpfen und Selbstkontrolle stärken. Yoga ist also die wunderbarste Form, sich zu trainieren. Dafür brauchst du nicht zwingend, schweißtreibendes Power Yoga machen. Yin Yoga ist ganz langsam und besteht eigentlich nur aus Dehnungen, die mit geschlossenen Augen gehalten werden. Genau wie bei allen anderen Yoga-Arten wird dabei nicht gesprochen, nicht geschnauft oder sich plumpsen gelassen. Lachen, die anderen ablenken oder reden ist beim Yoga ganz grundsätzlich verboten. Es soll sich jeder Mensch auf sich selbst konzentrieren und so still und klar wie möglich versuchen, was geht, ohne aufzugeben. Zehnmal in Würde umfallen ist besser als es einmal nicht zu versuchen. Dehnungen können sehr schmerzhaft sein und sie still zu ertragen und zu halten ist eine perfekte Übung für die Selbstkontrolle.

MEDITATIONEN

Auch Meditationen aller Art steigern erwiesenermaßen den Bereich im Gehirn, der die Impulse bremst und auf extrem ausschlagende Gefühlsausbrüche kontrollierend einwirkt. Bereits drei Minuten am Tag erwirken nach ein paar Wochen einen nachweisbaren Unterschied. Heutzutage findest du viele Apps und kostenlose Anleitungen dafür.

Den inneren Kampf nachzuvollziehen, macht dankbar für Fortschritte.

01

02

01 Ruhiges Gehen kann Stress zwischen den Übungen abbauen. Auch bei dir.

02 Zuneigung und Körperkontakt helfen, wieder Kraft zu tanken.

01 Eine gut aufgebaute Übung hilft, ruhig zu bleiben.

02 Halte es einfach und übersichtlich für den Anfang.

03 Beobachte aufmerksam und notiere dir neugierig Erfolge oder Änderungsvorschläge.

01

1000 MÖGLICHKEITEN

Bist du schon Profi und suchst eine Herausforderung? Wie wäre es mit einem kleinen Stein im Schuh, der den ganzen Tag nervt, ohne jemandem davon zu erzählen? Der Verzicht auf Alkohol, das bewusste, leichte Frieren ohne dicken Pullover, einmal ohne Abendessen ins Bett gehen oder bei einem Streit abwarten, bis die andere Person ausgesprochen hat. Einen ganzen Tag besonders langsam sprechen, nicht auf den sozialen Netzwerken surfen etc. Es gibt tausend Möglichkeiten, sich selbst Aufgaben zu stellen und sich zu schulen. Um deine Impulse während der Arbeit mit deinem Hund im Griff zu behalten, nutzen dir gut vorbereitete Übungen und kleine Ziele.

02

ERGEBNISSE AUFSCHREIBEN

Starte mit deinem Hund in der Wohnung und mit einfachen Dingen. Setze dich nach jeder getanen Übung hin und überlege oder schreibe auf, was passiert ist. Was sich verbessert oder verschlechtert hat. Was geholfen hat oder in Zukunft helfen kann. Lasse einmal Revue passieren und feiere deine Erfolge mit Belohnungen für dich. Hat dein Hund einen Schritt nach vorn gemacht, dann notiere das und erfreue dich an deinem Werk.

03

SCHLAUE SPRÜCHE DUMMER LEUTE

Du wirst mit Kritik und Besserwisserei konfrontiert werden. Keine Angst! Es kann passieren, dass du belehrende Sprüche hören wirst. Vielleicht wirst du bemitleidet oder dein Hund. Vielleicht wirst du kritisiert oder deine gemeine, fiese Art, den armen Hund zu ärgern.

Nicht viele Menschen wissen so viel wie du, wenn du bis hierhin gelesen hast. Gegen schlaue Tipps und Vorwürfe von denen, die zwar weder dich noch deinen Hund noch eure Geschichte kennen, ist kein Kraut gewachsen. Und das ist auch schon die Hauptaussage. Du wirst immer wegen irgendetwas kritisiert werden. Entweder weil dein

Schöne Momente miteinander gibt es immer.

01

Hund sich daneben benimmt oder weil du daran arbeitest, dass er es eben nicht tut. Du kannst dir nicht aussuchen, ob du angemault wirst, aber du kannst dir aussuchen wofür. Und wenn du weißt, wofür du etwas tust, wenn du Erfolge siehst und wenn du und dein Hund etwas Gutes bekommen, dann würde ich an deiner Stelle lieber dafür angemault werden, als für etwas, was du selbst irgendwie blöd findest oder wofür du dich schämst. Suche es dir also aus. Möchtest du am Ende einen souveränen Hund, um den dich alle beneiden, und auf dem Weg dahin ein paar dumme Sprüche? Oder möchtest du ständig wie ein Leuchtturm nach der nächsten Gefahr Ausschau halten, immer hoffend und bangend, dass es heute irgendwie laufen wird und dann die dummen Sprüche obendrauf kassieren, wenn du einmal nicht schnell genug warst? Wer sich davon frei machen kann, sich über die ungefragten „Rat-Schläge“ anderer zu ärgern, der kann sich auch davon frei machen selbst solche zu verteilen. Und Schwups sind alle glücklich.

02

01 Manch ein Mensch erträgt ein trauriges Hundegesicht nicht und wird wütend auf dich.

02 Freundliche Abgrenzung gegen Vorurteile kann ebenfalls geübt werden.

Den Hund ohne Wut wieder hinzusetzen geht auch tausendmal.

IN DEN ÜBUNGEN RUHIG BLEIBEN

Wenn du anleiten möchtest, wie man locker bleibt, solltest du es auch selbst tun. Ruhe auszustrahlen und sich unter Kontrolle zu halten, ist eine Grundvoraussetzung, wenn man andere dazu anhalten möchte, sich zusammenzunehmen.

Das ist für uns manchmal gar nicht so leicht. Aber wir können uns helfen. Einige Schritte dazu machst du jetzt gerade. Denn du findest gleich noch heraus, welchem Frustmuster du und dein Hund folgen. Du kannst also über Verständnis mehr Nachsicht entwickeln. Du weißt, dass dein Hund sich nicht frustriert verhält, weil er dich ärgern will, sondern weil ihm Fähigkeiten fehlen, die du ihm beibringen musst. Erst dann kann er sich anders verhalten. Du wirst noch lesen, dass es deine Anleitung braucht, um seine Impulse zu kontrollieren, und dass dein Hund eventuell mehr üben muss, sich zurückzunehmen, und ihr beide hineinwachsen dürft in die Welt des fairen Verbietens. Vielleicht war es bisher nicht perfekt. Das heißt aber noch lange nicht, dass es sich nicht ändern kann.

AUF DIE ATMUNG ACHTEN

Wenn du in den Übungssituationen merkst, wie du wütend wirst, dann schau doch mal auf folgende Faktoren: Was macht deine Atmung? Du hast oben schon gelesen, dass Stress und Aufregung die Atmung beschleunigen und flacher machen. Bei deinem Hund siehst du das dadurch, dass er hechelt. Wenn du an diesem Rädchen drehst, kannst du deinem Gehirn ein bisschen Entspannung vorgaukeln und es fährt seine anregenden Systeme wieder herunter.
Atme also betont langsam und tief nach unten in den Bauch. Konzentriere dich dabei auf deine Ausatmung. Immer wenn du angestrengt und aufgeregt wirst, dann versuche, auszuatmen so lange du irgendwie kannst. Presse das letzte bisschen Luft aus deiner Lunge und mache die nächste Ausatmung noch länger. Du kannst dabei auch einen tiefen Ton summen und versuchen, diesen Ton so lange wie möglich zu halten. Die lange Ausatmung bewirkt, dass der Parasympathikus in deinem Gehirn stimuliert wird. Das ist der Teil im Kopf, der für Ruhe und Entspannung zuständig ist und gegen Angst und Wut hilft. Schließt du auch die Augen, dann kann dieser beruhigende Zustand noch intensiver wirken. Solltest du in der Situation die Augen nicht schließen können, dann schaue mit ganz weichem Blick auf einen Punkt auf dem Boden vor dir und lasse das Bild verschwimmen, als würdest du ein bisschen schielen. Auch ein ruhiges Gucken ist das Gegenstück zum getriebenen Umhersehen bei Angst und Unsicherheit und wirkt sich positiv auf die innere Ruhe aus.

SCHLANGENARTIGE BEWEGUNGEN

Hat dein Hund Angst und du merkst, wie du dich mit hineinsteigerst, dann kannst du deinem Körper signalisieren, dass alles o. k. ist, indem du schlangenartige Bewegungen machst. Es reicht dabei, wenn du deinen Kopf hin und her schlängelst und drehst oder langsam von einer zu anderen Seite kippen lässt wie einen Baum im Wind. Bewege dich fließend und sehr langsam. Diese Bewegungsart ist konträr zur angespannten Haltung der Angst und lockert nicht nur den Körper, sondern auch das Gemüt.

SINGEN ODER ZÄHLEN

Und zu guter Letzt kannst du etwas tun, was dein Gehirn so richtig aus dem Angst- und Wut-Modus zieht: singen. Das mag erstmal komisch klingen, aber es hilft. Singst du, dann sucht dein Gehirn in Arealen nach dem bekannten Text, der an einer ganz anderen Stelle liegt als deine unangenehmen und lähmenden Gefühle. Du blockierst damit einen Teil des Arbeitsspeichers, der sich dann nicht mehr mit den Gefühlen beschäftigen kann. Ganz nebenbei atmest du beim Singen tiefer. Es ist völlig egal, wie es klingt, und es darf auch ein einfaches Kinderlied sein. Probiere es mal aus, du wirst überrascht sein, wie gut das funktioniert. Wenn Singen nicht so dein Ding ist, dann zähle leise von hundert runter, denn auch dein Zahlengedächtnis sitzt in einem ganz anderen Teil des Hirns als der, der deine Aufregung erzeugt.

UNTERSCHIED-LICHER AUSDRUCK VON FRUST

FRUST-TYPEN

Für den Menschen gibt es eine Idee, Frustration je nach Persönlichkeit in verschiedene Frust-Typen einzuteilen. Diese Idee kommt aus der Psychologie und wird hier von mir in stark vereinfachter Form übernommen.

Ich übertrage sie außerdem auf den Hund. Natürlich nenne ich die Dinge hier auch bei anderen Namen, denn glaub mir, die wissenschaftlichen Ausdrücke für die jetzt folgenden Erklärungen sind nicht sehr eingängig, um es einmal vorsichtig auszudrücken. Ich möchte sie hier aber leicht verständlich und vor allem praxisnah zugänglich machen. Wenn du dich tiefergehend damit auseinandersetzen möchtest, dann suche einmal nach dem **Rosenzweig-Test**, den Herr Rosenzweig entworfen hat, um Frustausdrücke bestimmten Typen zuzuordnen. Daran inspiriert ist der folgende Teil dieses Buches.

01

FRUST HAT VIELE GESICHTER

Du hast zuvor im Buch schon gelesen, dass Frust immer etwas mit Wut und Enttäuschung zu tun hat. Diese Wut kommt irgendwo zum Vorschein, aber nicht bei allen auf dieselbe Weise. Eine sehr introvertierte, konfliktvermeidende Person würde doch niemals lauthals ihre Genervtheit herausbrüllen, wenn an der Kasse vor ihr jemand nach Centstücken im Geldbeutel kramt. Das passt einfach nicht zum Charakter. Trotzdem wäre dieser schüchterne Mensch genauso frustriert. Sein Gefühl kanalisiert sich aber anders.

Ein Extrovertierter mit Lust auf Auseinandersetzungen wird dagegen seine Wut offen und laut gegen genau die Person richten, die im Portemonnaie kramt und jemand, der zwar gern seinen Unmut nach außen lassen, aber keinen Ärger haben möchte, wird hinter dem Rücken des Suchenden die Augen verdrehen oder der Kassiererin sein Leid klagen, wenn der andere Mensch weg ist, oder sich bei anderen Menschen in der Schlange „auskotzen".

Alle diese drei Typen haben in dem Moment Frust empfunden und alle vielleicht ungefähr gleich stark. Sie sind aber anders mit ihrer Wut umgegangen und das macht den Unterschied. Den lauthals Brüllenden erkennen wir am schnellsten und unterstellen, dass er am frustriertesten gewesen sein muss. Aber nein. Er hat nur seine Impulse weniger kontrolliert als die anderen beiden. Frust haben sie alle empfunden.

AUF DEN HUND ÜBERTRAGEN

Übertragen wir das mal auf den Hund:
Ein Hund, der bei einer stillen Pause beim Spaziergang an seinem Menschen hochspringt, ihn auffordernd anbellt, an seiner Jacke zerrt und jault, den werden wir schnell als frustriert identifizieren, denn er brüllt es direkt heraus und richtet sich auch direkt gegen die Person, die seiner Meinung nach die Verantwortung trägt.
Ein Hund vom Typ „Alles muss raus, aber ohne jemanden direkt anzusprechen" würde stattdessen vielleicht in der Gegend herumschauen und vor sich hin fiepen, vorbeilaufende Hunde und Menschen anbellen, ohne wirklich Kontakt aufzunehmen, in die Leine beißen oder sich über den piekenden Waldboden aufregen und angewidert die Pfote von einem Tannenzapfen heben.

02

01 In sich gekehrt, traurig und selbstmitleidig …

02 … oder aktiv nach außen orientiert und sich an den hindernden Umständen störend?

Der Hund mit einer in sich gekehrten, stillen Persönlichkeit dagegen würde mit eingeklemmtem Schwanz und verkniffenem Gesicht dastehen. Seine Mimik wäre starr und voller Abneigung gegen die bestehende Situation. Sein Gesichtsausdruck traurig und enttäuscht. Seine Muskeln wären fest, aber er würde sich kaum bewegen, keinen Kontakt aufnehmen und still, aber offensichtlich leidend versuchen, herunterzuschlucken, wie mies es ihm geht. Vielleicht würde er sogar zittern vor Anspannung.

Diese **drei Typen** als gleichwertig frustriert erkennen zu können ist wichtig, um nicht zu denken, dass nur der Hund Frust zeigt, der möglichst laut und anstrengend ist. Das würde zu einer Überbewertung der lauten Frustäußerung und zu einer Nichtbeachtung des stillen Leidens führen.
Frust ist immer unangenehm. Der Hund möchte die Situation merkbar gern verändern, ist unzufrieden und angespannt. Seine Wut richtet sich gegen einen klaren Adressaten, die Umwelt und alle im Allgemeinen oder sich selbst und in sein Inneres – den letzten Typ übersehen wir dabei gern.
Der in sich gekehrte, mit schlechter Frustrationstoleranz ist der mies gelaunte, sich stets entziehende Hund, der keine Lust auf Dinge hat, der wirkt, als sei er immerzu unbegeistert und selten so richtig freudig bei der Sache. Das Wetter ist zu kalt und er trippelt auf den Boden schauend und zusammengekrümmt hinter seinem Menschen her, stoisch und unzufrieden. Genauso natürlich, wenn es zu warm, zu windig oder der Boden zu hart ist. Er legt sich hin, aber mühsam, leise stöhnend und kompliziert, sodass jedem klar wird: Es ist ungemütlich! Er ruckelt sich mühsam in Position und fühlt sich ausschließlich auf weichen Kissen oder einer kalten Fliese wohl, wenn alle Bedingungen zu hundert Prozent so sind, wie er es mag. Der still leidende, frustrierte Hund wirkt in seiner Mimik und Anspannung immer so, als würde er lieber gehen und als seien alle anderen blöd und er fehl am Platz. Natürlich nicht immer. Wer kann schon immer frustriert sein. Aber du wirst ihn ziemlich gut erkennen und er ist sicherlich nicht der fröhliche Sonnenschein mit Dauergrinsen.
Der **lautstarke Frust-Typ** wird auch in anderen Situationen des Lebens auffällig und lebendig sein. Er macht wahrscheinlich insgesamt viele Geräusche, bewegt sich ausufernd und ist lebhaft und kontaktfreudig. Er kann ein Clown sein und genauso hüpfend und ungeduldig außer sich vor Freude sein, wie er in der Frustration wütend wird.
Der **Mischtyp**, der der Umwelt die Schuld an seiner Misere gibt, hat von beidem etwas, aber nicht so extrem. Zu diesen Typen gibt es noch viel mehr zu sagen, aber erstmal möchte ich wieder auf dich und deine eigene Frustrationstoleranz zurückkommen.

Ein Gesichtsausdruck und eine körperliche Anspannung sind genauso aussagekräftig wie laute Geräusche.

UND WELCHER TYP BIST DU?

Um die Zusammenhänge besser bewerten zu können, sollst du nun dich selbst einschätzen, was **deinen eigenen bevorzugten Frustrationstyp** angeht. Und auch wenn du diese Übung vielleicht lieber überblättern möchtest, empfehle ich dir sehr, sie gerade deshalb unbedingt zu machen. Niemand wird es sehen, du bist allein mit diesem Buch und kannst nur lernen. Also schnapp dir einen Zettel und einen Stift und bleib gespannt. Ich verspreche dir, es wird dir nachher im Umgang mit deinem Hund helfen und ist keine verkappte Psychotherapie für dich.

Ein dramatischer Anfall kann bei emotionsstarken Hunden vorkommen.

☞ WAS FÜR EIN FRUST-TYP BIST DU?

Du wirst gleich ein paar Situationen vorgestellt bekommen, die sehr kurz und bündig ausgeführt sind. Du wirst dir also eine Menge selbst vorstellen müssen. In der ersten Situation wirst du zum Beispiel in einem Restaurant sein und Essen bestellen. Wo du genau bist, was du bestellt hast und wer sonst dabei ist, wird nicht gesagt und bleibt deiner Fantasie überlassen.

Stopp! Lies die Fragen bitte noch NICHT vorher durch! Egal wie du dir die beschriebenen Situationen im Detail vorstellst: Sie sollen immer maximal frustrierend sein! Bei dem falsch gelieferten Essen im ersten Beispiel hast du also wirklich Hunger, es gibt kein zweites Restaurant nebenan, du kannst nicht schnell etwas anderes bekommen und das, was du bekommen hast, ist wirklich so

eklig für dich, dass du es nicht essen möchtest. Immer wenn du dich also fragst, ob es vielleicht gar nicht so schlimm ist, dann stell dir die Situation so vor, dass sie die schlechtest mögliche Ausgangslage hat. Bei der Situation mit dem bereits überfüllten Bus ist die Strecke weit, es regnet und es kommt nicht gleich ein nächster Bus vorbei. Bei dem unterbrochenen Gang zur Toilette musst du wirklich sehr und die Kneipe ist mitten in einem belebten Viertel, in dem du nicht eben mal in eine dunkle Ecke huschen und dich dort erleichtern kannst und so weiter.

Du liest dir gleich die Situationen einzeln durch und hast dann immer eine kurze Beschreibung davon, wo du dich befindest und was jemand anderes zu dir sagt. Was du antwortest, trägst du auf deinem Zettel ein. Denke dabei gar nicht lange nach, schreibe spontan und schnell auf, was dir als erstes in den Sinn kommt, und gehe dann direkt zur nächsten Situation weiter. Erst wenn du überall deine Antwort aufgeschrieben hast, wertest du den Test aus. Vielleicht wirst du irgendwann denken, dass du zwar etwas Bestimmtes sagen, aber eigentlich etwas anderes denken würdest. Dann schreibe beides auf und mache dir einen Vermerk, dass du hier zwar zum Beispiel höflich „Ach, kein Problem!", sagen, aber vielleicht eher „Ich hasse dich, du unfähiger Dreckskerl!" denken würdest. Du fängst nun an zu lesen und zu schreiben und wir sehen uns gleich bei der Auswertung wieder. Viel Spaß!

Der Mensch im System ist genauso wichtig wie der Hund. Die Frage danach, wer erzieht, ist ebenso wichtig für einen möglichen Erfolg wie die Frage danach, wer erzogen wird.

☞ TESTSITUATIONEN

1. Im Restaurant

Der Kellner sagt zu dir:„Das Essen wurde leider falsch zubereitet und nun hat die Küche schon geschlossen."

Du antwortest ______________________________

____

____

2. Im Freundeskreis

Einer aus deiner Clique sagt: „Ach, wir haben ganz vergessen, dir Bescheid zu sagen und zu fragen, ob du auch mitkommen willst! Jetzt sind alle Plätze schon belegt!"

Du antwortest ______________________________

____

____

3. In der Praxis

Die Ärztin sagt ernst zu dir: „Ab sofort dürfen Sie diese Dinge hier nicht mehr essen. Auch Ihr Lieblingsgericht nicht mehr. Vielleicht wollten Sie das nicht hören, aber ich fühle mich verpflichtet Sie, aufzuklären."

Du antwortest ______________________________

____

____

4. An der Bushaltestelle

Die Busfahrerin sagt zu dir: „Der Bus ist überraschenderweise durch viele Menschen überfüllt. Ich kann Sie leider nicht mehr mitnehmen, und das hier ist der letzte Bus, der heute fährt."

Du antwortest ______________________________

____

____

5. Im Straßenverkehr

Der Autofahrer sagt zu dir: „Himmel! Fast hätte ich Sie umgefahren! Wieso fahren Sie denn nicht auf dem Radweg mit Ihrem Fahrrad?"

Du antwortest ______________________________

____

____

6. Auf einer Party

Der unbekannte Gast sagt zu dir: „Ich möchte mich jetzt doch lieber mit anderen Gästen unterhalten, das Gespräch mit Ihnen langweilt mich."

Du antwortest ______________________________

____

____

7. Am Eingang der Konzerthalle

Die Kassiererin sagt dir: „Leider wurde das Konzert überbucht und es sind mehr Karten verkauft worden, als Plätze da sind. Ich kann Sie nicht mehr reinlassen, Sie müssen wieder nach Hause fahren und stornieren, um Ihr Geld zurückzubekommen."

Du antwortest ______________________________

____

____

8. Auf dem Spaziergang

Die Nachbarin sagt genervt: „Nun nehmen Sie doch Ihren Hund näher zu sich ran, ich mag keine Hunde!"

Du antwortest ______________________________

____

____

9. Im Supermarkt

Jemand kauft dir vor der Nase die letzten sechs Packungen der wichtigsten Zutat für das Gericht weg, das du heute kochen wolltest.

Du sagst ______________________________

____

____

10. In der Kneipe

Die Putzkraft sagt zu dir: „Ich habe die Toiletten gerade fertig geputzt und mache jetzt Feierabend, da dürfen Sie jetzt nicht mehr drauf."

Du antwortest ______________________________

____

____

☞ DIE AUSWERTUNG

Na, hat es Spaß gemacht? Konntest du dich so richtig in die Situationen hineinversetzen und bist immer noch sauer?

Solltest du wütend sein, vielleicht auch auf mich, auf dieses blöde Buch, die Psychospielchen und überhaupt den ganzen Quatsch hier, dann bewerte das ruhig gleich mit. Aber gehe vorher kurz spazieren und komm wieder runter. Die Intensität, mit der du den Ärger jetzt noch nachfühlen kannst, sagt dir etwas über die allgemeine Ausprägung deiner Frustrationstoleranz. Ärgerst du dich immer noch über einzelne Situationen, obwohl du sie dir ja nur vorstellen solltest und sie gar nicht wirklich passiert sind? Dann kann es sein, dass deine Frustration schnell aktiviert ist und langanhaltend bleibt. Du bist anscheinend leicht zu frustrieren und brauchst etwas Zeit, dich wieder selbst zu beruhigen. Das ist völlig o. k., es gehört zu deinem Charakter und ich bin mir sicher, dass du gerade überhaupt nicht überrascht bist. Du kennst dich ja schon ein paar Jährchen. Für hier ist es aber wichtig, dir das aufzuschreiben und zu merken: „Ich bin schnell frustriert und meine Frustration schlägt heftig ein." Das bedeutet, dass du von Umgangsstrategien profitieren wirst und in der Zusammenarbeit mit deinem Hund ein paar Techniken zur Hand haben solltest, um dich immer wieder zu erholen und runterzubringen. So werden dein ganzes Training und alle Situationen mit ihm leichter werden.

Vielleicht hast du viel daran gedacht, wie du persönlich konstruktiv die Momente verändern kannst, um etwas zu retten? Hast angeboten oder gefragt, was du tun kannst oder nachgedacht, wie du dir helfen kannst? Das spricht dafür, dass du sehr geübt im Belohnungsaufschub bist und den Frust mit der Hoffnung auf Selbsthilfe erfahrungsgemäß überwinden kannst. Frust entsteht bei dir später, da du durch den erwarteten Belohnungsaufschub lange noch davon ausgehst, dass du es schon richten kannst. Eine hilfreiche Fähigkeit, die für Kreativität spricht. Wie es um deinen Frustrationstyp steht, siehst du nur in den Situationen, in denen dir wirklich klar wird, dass du absolut nichts tun kannst, um dein Bedürfnis zu befriedigen. Du musst hier also tief wühlen, um dich hineinzudenken.

Wenn die genannten Situationen in deinem Kopf plötzlich alle immer weniger schlimm wurden und du dir einfach vorgestellt hast, dass es halb so wild ist, solltest du dir das ebenfalls merken. Ganz am Anfang in der Beschreibung steht nämlich sehr klar, dass du dir die Situationen maximal schlimm und ausweglos denken solltest und vielleicht bist du ganz heimlich davon abgewichen? Hattest du in deiner Vorstellung gar keinen Hunger oder war der Nachhauseweg auf der Busstrecke in deiner Welt leicht zu Fuß überwindbar? Falls du dich erwischt fühlst, dann überlege, ob vielleicht schon der Gedanke an Frust zu so einer inneren Abwehr geführt haben könnte, dass du ihn ganz „zufällig" aus diesem Test entfernt hast. Vielleicht ist dir immer kommuniziert worden, dass du nicht frustriert sein sollst, dass nur lächeln und glücklich durch die größten Miseren des Lebens zu tanzen sozial anerkannt ist. Oder du weißt, was dabei herauskommt, wenn du dem Frust mal wirklich in die Augen siehst, und wolltest vor dir selbst nicht so dastehen? Oder neigst du vielleicht dazu, nach außen hin ganz entspannt zu tun, aber innerlich zu kochen? Wenn du zwar deutlich deine Wut fühlst, aber immer höflich und sachlich reagierst, dann hast du vielleicht keine gute Frustrationstoleranz, aber dafür eine gute Impulskontrolle! Du kannst deine wütende Reaktion verbergen und hinunterschlucken, obwohl du enttäuscht bist. Du gibst dir nicht die Schuld an der frustrierenden Lage und trotzdem klagst du aus Höflichkeit niemanden an. Oder du gibst dir die Schuld, hast aber gelernt keine abwertenden Dinge über dich selbst zu sagen und hältst dich deswegen im Zaum. So leidet dein Umfeld weniger und du eckst nicht so an. Eine gute Impulskontrolle ist Gold wert, um die sozialen Folgen einer schlechten Frustrationstoleranz abzumildern.

Nööööö! Alles gut! ... Oder doch nur ein Versuch den unangenehmen Frust nicht genauer ansehen zu wollen?

All das weißt nur du und kennst es von dir! Wenn du eine Antwort auf diese Fragen hast, schreibe sie auf. Nimm wertfrei hin, wie du nun mal bist, aber sieh der Wahrheit ins Auge. Du brauchst diese Erkenntnis später, um mit deinem Hund arbeiten und ruhig bleiben zu können. Nutze deine Fähigkeit, dich selbst zu durchschauen und zu verstehen. Dann kannst du darauf sinnvoll reagieren, ohne auch nur ein Fünkchen an dir ändern zu müssen. Niemand soll hier versuchen, von nun an ein anderer Mensch zu sein. Das Ziel dieser Übung ist es, sich eine Bedienungsanleitung für den eigenen Frust zu schaffen, damit du im Zusammenleben mit deinem Hund diesen besser erziehen und anleiten kannst. Mit der richtigen Bedienung ist es egal, ob du eine Motorsäge oder eine Porzellantasse in der Hand hältst. Ohne die richtige Bedienung kann beides blöd enden.

Du hast nun also als erstes erkundet, ob du sehr stark zu frustrieren bist oder ob du eine Vermeidungstaktik fährst.

Der nächste Punkt der Auswertung ist der **Frust-Typ**, dem du dich nun selbst zuordnen kannst. Auch dazu bekommst du später noch mehr Informationen. Aber erstmal dein ganz persönlicher Frust-Typ. Lies dir jetzt jede Situation und deinen Text dazu noch mal in Ruhe durch und bewerte, was am ehesten infrage kommt. Ich teile die drei Reaktionsmuster in folgende Archetypen ein:

DIE DREI TYPEN

— Frust-Typ 1: Du bist schuld!
— Frust-Typ 2: Die Umstände sind schuld!
— Frust-Typ 3: Ich bin schuld!

„Schuld" bedeutet hier auch in allen drei Fällen: verantwortlich für eine Veränderung, zuständig, Ansprechpartner*in für eine Beschwerde oder eine Lösung sein

Markiere in deinen Antworten farblich jeweils den zu erkennenden Frust-Typ. Du kannst zum Beispiel für Typ 1 einen roten Punkt neben den Text machen, neben Typ 2 einen blauen und neben Typ 3 einen in Lila. Damit vermagst du nachher schnell zu sehen, welche Farbe häufig vorkommt.
Zum ersten Typ zählt alles, bei dem du dich direkt an eine Person wendest mit deiner Beschwerde oder Aufforderung, eine Lösung für das Problem zu finden.
Zum zweiten Typ zählt alles, bei dem du zwar deinen Unmut klar nach außen bringst, aber ohne Aufforderung an jemanden speziellen oder ohne Kritik an dem Verhalten einer Person, die anwesend ist.
Der letzte, dritte Typ, bekommt einen Punkt, wenn der Frust intensiv wahrgenommen, aber nicht nach außen zum Ausdruck gebracht wird. Wenn du dich selbst und deine Art oder dein Verhalten als Auslöser für die Misere einstufst. Was das konkret bedeutet: In der ersten Situation wäre das dann ungefähr so oder so ähnlich:

Typ 1

Typ 2

Typ 3

TYP 1

Jemand wird konkret verantwortlich gemacht. Der Hund „fragt" persönlich nach Hilfe oder „beschwert" sich persönlich beim Menschen.

TYP 2

Die Decke, die Leine, der Untergrund. Man ist mit der Gesamtsituation unzufrieden.

• TYP 3

In sich gekehrt, schmollend und nachdenklich. Was habe ich bloß „falsch" gemacht ich armes Ding?

IM RESTAURANT

• Typ 1

— Haben Sie denn nicht zugehört?
— Sie sind wohl noch nicht lange hier, was?
— Dann bringen Sie mir jetzt bitte etwas anderes!
— Das müssen Sie klären, ich habe deutlich gesagt, was ich will.
— Und nun?
— Sie Trottel!

• Typ 2

— Wahrscheinlich war die Musik so laut, da hört ja auch keiner, was man bestellt!
— In der Küche sind die wohl komplett überfordert!
— Dieses Restaurant ist wirklich schlecht!
— Dass man aber auch nirgends mehr gut bedient wird!
— Auf der Karte ist alles so klein gedruckt, da kann man gar nicht sehen, auf welche Nummer ich gezeigt habe.

• Typ 3

— Ach, das ist ja wieder typisch für mein „Glück"!
— Wahrscheinlich habe ich nicht deutlich genug gesprochen.
— Immer wenn wir essen gehen, bekomme ich garantiert das falsche geliefert.
— Ach, macht nichts (seufz!), ich esse dann heute nichts, ich bin eh zu dick.
— Wäre ich doch bloß in ein anderes Restaurant gegangen, ich hätte es ahnen können.

IM FREUNDESKREIS

In der Situation zwei hast du dir vorgestellt, dass deine Freunde vergessen haben, dich für eine Aktivität einzuplanen. Hier könnten die Antworten ungefähr so aussehen:

- **Typ 1**

— Was, ihr habt mich vergessen?
— Dann müsst ihr wohl umplanen und euch eine Lösung ausdenken.
— Pah! Das nächste Mal plane ich auch ohne euch.
— Wie gemein von euch, dabei wisst ihr doch, wie gern ich solche Veranstaltungen mag!
— Wie könnt ihr das denn vergessen?

- **Typ 2**

— Ach ja, der Merkur ist auch gerade rückläufig, da werden alle vergesslich.
— Bei so vielen Teilnehmer*innen kann man schon mal jemanden vergessen.
— Wahrscheinlich haben die Veranstalter Stress gemacht, dass es zu viele werden.
— Bestimmt hat es wieder Ursula/Klaus organisiert und es mal wieder verpeilt.
— Dafür hätte mir meine blöde Chefin eh bestimmt nicht frei gegeben.

- **Typ 3**

— Habe ich nie gesagt, dass ich gern mal so eine Veranstaltung besuchen möchte.
— Ich war in letzter Zeit auch schwer zu erreichen.
— Beim Handball wollte ich ja auch nicht mit, wahrscheinlich deswegen die Verwirrung.
— Das ist typisch, wenn jemand vergessen wird, dann immer ich.
— Ich hätte mich darum kümmern müssen, ob ich noch mitmachen darf.

IN DER PRAXIS

In der dritten Situation, in der du dir vorstellen solltest, dass du deine Essgewohnheiten radikal verändern sollst, könnte es dann in etwa so klingen:

- **Typ 1**

— Sind Sie denn überhaupt Ernährungsexpert*in?
— Was mischen Sie sich in meine privaten Angelegenheiten ein?
— Ich bin hier, um eine Krankschreibung zu bekommen, nicht für Ihre Ratschläge.
— Sie selbst rauchen, das habe ich gesehen, aber jetzt über meine Ernährung meckern!
— Können Sie mir da kein Medikament verschreiben?

- **Typ 2**

— Ich habe so viel Stress bei der Arbeit, bestimmt kommt es auch davon.
— Wenn man bei allem darauf achten würde, was gesund ist, dürfte man gar nichts mehr essen.
— Ich habe einfach zu wenig Zeit, gesund zu kochen.
— Zu dumm, dass es so teuer ist, sich gesund zu ernähren.
— Dann muss ich wohl, Sie können ja auch nichts dafür, dass es Krankheiten gibt.

- **Typ 3**

— Ich habe einfach einen schlechten Stoffwechsel, das habe ich bestimmt geerbt.
— Das ist wieder typisch, alle anderen haben da keine Probleme und ich leide wieder.
— Wahrscheinlich hätte ich das längst machen sollen und jetzt ist es schlimmer.
— Ich schaffe das einfach nicht, auf die Leckereien zu verzichten, ich bin schwach.
— Hätte ich mich mal vorher informiert, wie ungesund das ist, was ich esse.

Wichtig ist bei allen Antworten, dass es dich frustrieren, also zumindest ein bisschen enttäuschen würde. Vielleicht findest du auch eine oder zwei Situationen, die dich wirklich nicht mal ein klitzekleines Bisschen ärgern könnten und dich wirklich komplett kaltlassen. Überlege aber genau, ob das wirklich so wäre oder ob der Zorn nur sehr klein wäre und daher schnell verschwinden würde.

Und falls du dir nun Sorgen machst, nein, es ist nicht so, dass jemand niemals frustriert ist! Niemanden sollten alle Situationen wirklich komplett kaltlassen, es sei denn, die Person belügt sich selbst. Wenn sich wirklich jeder die beschriebenen Situationen als möglichst schlecht und unüberwindbar vorgestellt hat, dann wäre es unnormal, nicht frustriert zu sein. Und das ist auch kein gutes Ziel. Jeder empfindet irgendwann Frust! Und das ist gut und richtig so! Denk an die andere Seite der Medaille: Frust erzeugt Veränderung und Überwindung von Bequemlichkeiten. Ihn niemals zu empfinden, würde uns innerlich stumpf und antriebslos zurücklassen und wer will das schon? Die Frage ist also nur, wie wir sind, wenn wir frustriert sind, ob wir es sehr stark oder sehr wenig sind und wie wir damit umgehen können. Außerdem zählt für diesen Kontext ja vor allem, wie du mit deinem Frust-Typ und dem deines Hundes in Kombination am besten leben kannst. Denn wenn dein Hund alles nach außen brüllt, du aber ein Typ 3 bist, dann wirst du es als unsäglich unangenehm empfinden, in der Öffentlichkeit mit deinem tobenden Hund gesehen zu werden, und brauchst andere Lernsituationen, als jemand, der denselben Frust-Typ wie sein Hund besitzt und vielleicht dazu neigt, sich mit seinem Hund hochzupushen, indem sich die Schuld ständig gegenseitig zugeschoben wird.
Das Zusammenspiel deines Typs und dem deines Hundes macht nachher also erst ein richtiges Bild aus der Sache und erklärt dir, wozu du dir diese Arbeit gemacht hast. Denn das wird zu sehr viel Verständnis dafür führen, wieso dein Hund und du euch in der Kombination verhaltet, wie ihr es eben tut.

Aber zurück zu deinem Test. Du hast nun einiges an Erkenntnis und viele bunte Punkte auf einem voll gekritzelten Papier vor dir und wirst dich vielleicht wundern. Alle Farben dabei?

Welcher Typ bist du denn nun? Keine Sorge, alles o. k. bei dir. Niemand hat in jeder Situation immer denselben Frust-Typ. Und wenn doch, dann spricht das für eine Persönlichkeitsstörung. Immer dasselbe Verhaltensmuster auf unterschiedliche Kontakte und Interaktionen zu zeigen, ist nämlich nicht die Norm, sondern eine sehr starre Art der Bewertung, die bei bestimmten, psychischen Besonderheiten oft unangenehm zum Tragen kommt. Sollte das der Fall sein, wirst du darum wissen und sicher schon Hilfe gesucht haben, um damit umgehen zu können. Auch für diesen Fall gibt es Anleitungen, nur kann ich das in so einem Buch leider nicht leisten, dafür braucht es professionelle Hilfe von anderen Stellen.
Dass dein Muster sich ändert, je nachdem wo du bist, wie stark die Situation dich frustriert, ob viele andere Menschen dabei sind oder ob dein Hassthema involviert ist, ist also notwendig und nennt sich einfach „gesunde Anpassung an die Situation".
Vielleicht kannst du aber trotzdem eine Farbe erkennen, die häufiger auftritt.
Vielleicht sind es auch zwei, die gehäuft auftreten und eine nur sehr wenig. Dann kannst du dich zu „eher Typ …" oder „eher Typ …" zuordnen oder einen Mischtyp aus dir machen. Je klarer du dich einem Typ zuordnen kannst, desto stärker wird man von außen diese Zuordnung sehen können und sie wird dir sicher auch oft rückgemeldet worden sein.
Wenn du sehr viele Anteile vom ersten Typ hast, dann wissen du und deine Umwelt, dass du eher ein impulsiver und lebendiger Mensch bist, der ab und an in Konflikte gerät. Bist du überwiegend der zweite Typ, dann kennt man dich als höflich, aber trotzdem sichtbar frustriert. Du willst keinen Streit, aber den Mund halten kannst und willst du auch nicht, wenn dir etwas nicht passt. Ordnest du dich überwiegend Typ 3 zu, dann weißt du schon längst, dass du dich manchmal ärgerst, dass du alles her-

Typ 1 ist am auffälligsten, aber nicht frustrierter als die anderen Typen.

unterschluckst oder dir gern mal unterstellt wird, dass du es ja abkannst, nur weil du dich nicht immer gleich lauthals beklagst. Alles dazwischen, daneben und damit gemischt ist möglich und du kannst dir nun selbst einen Überblick verschaffen.

Vielleicht hast du schon eine Ahnung, wo du deinen Hund einstufen würdest?
Steigert ihr euch eher gegenseitig rein und pusht euch hoch, weil ihr euch so ähnlich seid, oder bestimmt Unverständnis über das Verhalten des anderen eure Konflikte? Sich sehr ähnlich zu sein, birgt die Gefahr, sich noch zu bestärken und den Frust aneinander abzuarbeiten. Dadurch kann es zu übermäßiger Härte von beiden Seiten kommen. Schreiende Menschen, die ruppig zupacken und dem Hund wehtun und beißende, kratzende Hunde, die sich rücksichtslos am Menschen auslassen.
Sind beide sehr unterschiedlich, dann kann das zu einer emotionalen Kluft führen. Das Gefühl des Unverstandenseins und Nichtverstehens sorgt für Verzweiflung und Unsicherheit. In diesem Fall neigen Mensch und Hund zu Inkonsequenz, halbherzigen Entscheidungen und vielen gegenseitigen Enttäuschungen. Beide Versionen werden sanfter, weicher und besser zu bewältigen, wenn du weißt, was los ist. Wenn du deine kognitive Empathie einsetzen kannst, weil du erkennst, dass dein Hund vielleicht seine Wut gegen dich richtet, das aber einfach seinem Frustmuster entspricht und er dich dadurch nicht weniger lieb hat, als der, der in die Leine beißt und in die Welt hinaus bellt, oder der, der zitternd und grantig dreinschauend dasteht wie ein Häufchen Elend. Es lässt dich erkennen, dass dem grantig dreinschauenden Hund genauso geholfen werden muss und er nicht ärmer dran ist als der ausflippende, dass er keinen Trost und Frustvermeidung braucht, sondern Wege, seinen Frust besser zu bearbeiten. Es macht dich milde gegenüber der angeblichen Ignoranz deines Hundes, der im Konflikt den Kontakt zu dir abbricht, dich aber nicht ignoriert, weil du ihm egal bist, sondern weil er die direkte Konfrontation einfach schlechter kann, wenn er frustriert ist. Er will toben, aber auch keinen Ärger mit dir.
Verständnis macht die Tür auf und auch wenn du das Verhalten deines Hundes ganz sicher nicht einfach hinnehmen musst und nicht einfach aufhörst, erzieherisch einzugreifen, so hilft es, besser einzugreifen. Denn da wären wir wieder bei der Führungskompetenz und der großen Fähigkeit, seine eigenen Impulse zu kontrollieren und bedacht und selbstsicher das Geschehen zu lenken. Du musst nicht perfekt sein, du brauchst nur die Anleitung, um so handeln zu können, dass du eine gute Führungspersönlichkeit abgeben kannst. Und einen Schritt weiter in diese Richtung hast du hier gerade gemacht.

Herzlichen Glückwunsch!

AUF DEN HUND ÜBERTRAGEN

Was heißt das nun auf den Hund übertragen? Auch er hat einen bestimmten Frust-Typ, nach dem er häufig reagieren wird.

Je nach Charakter wird dein Hund seinen Frust entweder gegen dich persönlich richten, dich anbellen und anspringen oder seinen Kopf mit leidendem Fiepen auf deinen Schoß drücken. Dann reagiert er nach dem **Frust-Typ 1** (Du bist schuld/verantwortlich!). Oder er bellt ins Leere, beißt in die Leine, bellt andere Hund an, ohne sie zu kennen oder Kontakt aufzunehmen und ärgert sich über äußere Umstände wie ungemütliche Untergründe, juckendes Fell oder andere Dinge, die unbelebt sind. Das wäre eine typische Reaktion nach dem **Frust-Typ 2** (Die Umstände sind schuld/verantwortlich!). Neigt er zu **Frust-Typ 3**, dann wird er in sich zusammensacken, vielleicht zittern und still leiden, alles mit sich ausmachen, mit verbissenem Gesicht und Blick ins Leere dastehen und den Frust über sich ergehen lassen. Auch eine Art der Verleugnung kann beim Hund erkennbar sein, wenn er gespielt lustig alles Mögliche tut, um sich vom Frust abzulenken, allerdings unter sichtbarer Anspannung und immer wieder unterbrochen von frustrierten Bell- und Maul-Lauten, Schnaufen und kurzen Denkpausen.

Selbst entspannt zu bleiben, während der Hund frustriert ist: Königsdisziplin!

VERSTÄNDNIS HILFT

Du kannst dir ein Mantra zurechtlegen wie: „Er meint nicht mich persönlich, es ist sein Frust-Typ, dass er mich anbellt!“ Oder auch: „Er sieht gerade furchtbar aus, weil er eher der Frust-Typ 3 ist. Das ist aber nur ein Ausdruck und heißt nicht, dass er mehr oder weniger leidet als wenn er mich anbellen würde.“

Verständnis für deine besondere Art und seinen Charakter löst euer Problem zwar nicht, aber es hilft, Dinge anders zu bewerten und sich adäquat vorzubereiten, weil du weißt, was kommt, und du weißt, wie du und dein Hund reagieren werdet. Sei gütig und nachsichtig dir selbst und deinem Hund gegenüber. Akzeptanz und Verständnis heißt nicht, dass du aufgeben sollst oder das Verhalten so belassen sollst. Es ist die Grundlage für eine liebevolle Einstellung und eine Erziehung ohne Wut. Du darfst auch mit Verständnis Verhalten unterbinden und erwarten, dass dein Hund sich an Regeln hält. Was du ihm aber zugestehst, ist der Fakt, dass alle seine Reaktionen aus seiner Sicht einen Sinn ergeben und er bestimmte Dinge vielleicht einfach nicht so sieht oder sehen kann wie du.

ÜBUNGSAUFBAU UND TRAININGS-PLAN

GRUNDSÄTZLICHE REGELN FÜR ALLE ÜBUNGEN

Kommen wir zu grundsätzlichen Regeln für alle Übungen, die immer gelten. Orientierst du dich an ihnen, dann kannst du beliebig andere Übungen selbst entwickeln und erfinden.

WIE STARK DARF DER FRUST SEIN?

Das Mittelmaß ist immer eine gute Voraussetzung. Wenn du die Übungen gestaltest, dann kannst du folgendes Ziel anvisieren: **Der Hund sollte sichtbar und merkbar frustriert und gestresst sein, aber nicht maximal.** Auf einer Skala seines möglichen Frusts sollte er ungefähr bei **50 bis 60 Prozent** liegen, also etwas im Mittelmaß des Möglichen. Das musst du nicht exakt treffen und es ist überhaupt nicht schlimm, wenn du dich irrst.

ACHTUNG!
BEVOR du die Übungen praktisch umsetzt, denke bitte daran erst den Rest des Buches zu lesen!
Es ist zwingend notwendig, erst den Unterschied zu Belohnungsaufschub und den Zusammenhang mit der Impulskontrolle zu verstehen, bevor du die Übungen korrekt umsetzen kannst. Lies dir hier also gern schon mal alles zum Übungsaufbau durch und komme dann darauf zurück, wenn du alles Weitere gelesen und verstanden hast.

TEST-ÜBUNG ZUM ANFANGEN

Diese Übung ist notwendig, bevor du die andere Übungen (ab Seite 152) nutzt.
Starte mit folgender Test-Übung. Sie dauert maximal zwei Stunden:

- Sorge dafür, dass du diese Zeit hast und nicht gestört wirst. Binde deinen Hund in der Wohnung an einem Ort an, an dem du längere Zeit verweilen magst. Wie du dich dabei verhältst und was du für Hilfsmittel brauchst, hast du in der Übungsanleitung bereits gelesen (siehe Seite 146). Zumindest, wenn du wirklich erst alles gelesen und dann hierhin zurückgeblättert hast, um praktisch loszulegen.
- Mache die Leine sehr kurz, sodass sich dein Hund gerade so hinlegen kann. Dann bleibst du neben deinem Hund stehen oder sitzen, konzentrierst dich aber nur auf dich. Egal was dein Hund tut, du bleibst nur bei dir, bist still, konzentrierst dich auf etwas anderes und mischst dich nicht ein.
- Bleibe drei Minuten dabei, egal was passiert: Vielleicht rastet dein Hund völlig aus und du bist verwundert, wie stark er frustriert ist, obwohl du direkt neben

Schaffe dir gut überschaubare Situationen zum Üben.

ihm bist. Vielleicht schläft er einfach ein und du lachst innerlich über deine Fehleinschätzung.

- Du beobachtest nur und schreibst dir, wenn du magst, einfach auf, wo sich dein Hund auf der Skala des Frusts ungefähr befand und was passiert ist bzw. wie der Übungsaufbau war.
- Notiere auch seinen Frust-Typ und wie er den Frust zeigt.
- Ist dein Hund nach drei Minuten komplett unbeeindruckt und ruhig, dann rücke zwei Schritte weiter weg. Warte wieder ab. Bleibt es mindestens drei Minuten dabei, dass dein Hund nicht reagiert, entfernst du dich weitere zwei große Schritte. So gehst du immer weiter vor, bis dein Hund aufsteht und unruhig wird, fiept, bellt oder anderweitig zeigt, dass er nicht einverstanden ist mit der Situation.
- Bleibt er ruhig, kannst du irgendwann in der Wohnung herumlaufen und dich anderweitig beschäftigen, Hauptsache, es hat nichts mit dem Hund zu tun.
- Konzentriere deine Blicke, deine Aufmerksamkeit und dein Handeln auf eigene Sachen und lasse ihn in Frieden.
- Ab dem Augenblick, in dem dein Hund das erste Mal sichtbar oder hörbar Frustration zeigt, bleibst du in dem Abstand und genau bei dem, was du gerade getan hast. Halte in dem Moment, in dem du deutlich Frustration bei deinem Hund wahrnimmst, den Grad der Schwierigkeit und warte von dem Moment an eine halbe Stunde. Stell dir dafür ruhig einen Wecker. Du sagst nichts, lobst und strafst nicht.

- Notiere dir den Verlauf und wie sich dein Hund in der halben Stunde verhält. Sollte er vorher ruhig werden, warte trotzdem die halbe Stunde. Sollte er exakt beim Vibrieren deines Weckers in den höchsten Tönen protestieren, dann stelle den Wecker noch mal um eine halbe Stunde länger. Schummele hier nicht, es ist wichtig, nicht immer nur kurz zu warten und die Hoffnung von Sekunde zu Sekunde zu halten, dass der Hund sich beruhigen wird. Um hier die nötige Sicherheit auszustrahlen, musst auch du wissen, dass hier vor Ablauf einer halben Stunde nichts mehr passiert und du ganz beruhigt abwarten kannst.
- Ist die Zeit wieder rum, verfährst du genauso wie beim ersten Mal: auch hier wieder eine halbe Stunde auf die bisherige Zeit aufschlagen. Das kann schwer für dich sein, aber hier ist es wichtig, dranzubleiben.
- Deine Maximalzeit ist zwei Stunden. Schaue vor dem Übungsaufbau genau hin, dass du diese Zeit wirklich hast. Gehe vor der Übung selbst auf die Toilette, stelle dir etwas zu trinken hin, sorge dafür, dass du alles bei dir hast, was du brauchst, und dass dein Hund vorher ebenfalls die Möglichkeit hatte, sich zu lösen und nicht während der Übung „müssen" könnte. Zwei Stunden sind also Pflichtprogramm, wenn es wirklich ganz schlimm kommt. **Eigentlich dürfte es das aber nicht, wenn du wirklich in dem Moment innegehalten hast, in dem dein Hund den ersten Ansatz von Frustration gezeigt hat und nicht darüber hinaus gegangen bist.** In diesen zwei Stunden darf die Übung nicht erleichtert werden.
- Es ist verlockend, nun in seiner Verzweiflung loben zu wollen, wenn der Hund kurz still ist, heimlich immer näher zu rücken, um es doch wieder leichter zu machen oder um den Hund irgendwie abzulenken. All das würde aber die Übung nicht nur zunichte machen, es würde vielleicht sogar dafür sorgen, dass der Hund das Gegenteil von dem lernt, was geplant war.
- Auch wenn du zwei Stunden lang deine Entscheidung des Übungsaufbaus bereuen magst und es kaum erwarten kannst, dass die Zeit endlich vorbei geht, bleibe ruhig und konstant und notiere dir ein-

01

fach, dass das anscheinend zu viel war und du morgen mit etwas anderem oder einer leichteren Intensität weitermachen musst.

— Es ist egal, ob dein Hund in diesen zwei Stunden keine Ruhe gefunden hat, ob er ruhig wurde und sich dann wieder reingesteigert hat oder ob er in einer bilderbuchartigen Kurve erst frustriert, dann immer ruhiger und am Ende völlig entspannt war. Perfektion ist erstmal nebensächlich, es geht ums Ausprobieren und Herantasten. Es ist nur ein Test.

— Greife voll in die Erfahrungskiste und lehne dich weit aus dem Fenster. Du kannst es lieber viel zu weit oben ansetzen und dann schauen, wie es sich entwickelt, als zu zaghaft vorzugehen und Frust zu vermeiden. Auch wenn dein Hund nicht ruhig wird, hat er etwas davon.

— Entweder ist deine Übung nun also nach einer halben oder nach zwei Stunden vorbei und wird aufgelöst. Wenn es irgendwie möglich ist, beende die Übung dann, wenn der Hund sich gerade so entspannt, wie es eben für ihn möglich ist. Wenn er sich gerade kurz vor Ende der Zeit sehr stark aufregt, dann warte zumindest ein paar Minuten, bis es wieder besser wird. Löse die Übung bitte niemals in der größtmöglichen Aufregung auf (siehe Seite 146).

02

03

01 Der Hund soll deutlich sichtbar, aber bewältigbar frustriert sein.

02 Er durchläuft verschiedene Phasen, Höhen und Tiefen und probiert sich in Strategien aus.

03 Im Verlauf wird es besser und der Hund ruhiger und entspannter. Vielleicht entspannt er sogar komplett und schläft ein.

- Wenn du deinen Hund getestet hast und weißt, wie du ihn auf den Mittelwert seiner möglichen Frustration bringen kannst, dann nutze diese Übung langfristig. Das kann bedeuten, dass du es gerade mal schaffst direkt neben deinem angeleinten Hund zu sitzen und er trotzdem nur mit Müh und Not bei 60 Prozent der möglichen Frustreaktion bleiben kann. **Es geht nicht darum die Übung möglichst schwer zu machen.** (Also keine Bälle werfen o. Ä.) Viele kleine Wiederholungen bringen mehr als hohe Frustration.
- Genauso kann es sein, dass dein Hund absolut gar nicht frustriert ist, während du umherschleichst und wartest. Sollte das der Fall sein, dann gehe langsam immer weiter und steigere die Verlockung dir folgen zu wollen schrittweise, bis dein Hund frustriert ist.
- Es kann sein, dass er bei diesem Test erst ein wenig mault oder hin und her trippelt, wenn du in der Küche verschwindest und auf der Arbeitsplatte duftende Fleischwurst schneidest. Wenn das notwendig ist, um deinen Hund gerade so in Wallung zu bekommen, dann stehst du heute wohl bis zu zwei Stunden mit einer Wurst in der Küche und liest ein Buch – dieses hier zum Beispiel. Wenn er hart gesotten ist, musst du vielleicht sogar mit der Wurst direkt vor ihm sitzen und so tun, als würdest du sie genüsslich verspeisen.

Was immer du machen musst, gehe nur so weit, bis dein Hund seinen Frust zeigt, und beobachte seine Reaktion. Er bestimmt, wie eure Testsituation am Ende aussieht.

WENN ETWAS SCHIEFGEHT

Wenn dein Hund einmal völlig durchdreht oder etwas Blödes geschieht, wie zum Beispiel ein Verknoten in der Leine, dann gehe ruhig zu ihm, befreie ihn langsam und still aus der Position, ohne ihn wegzulassen oder abzuleinen und befestige ihn dann wieder so, dass er sich nicht verletzen kann.
Dasselbe gilt für Eventualitäten wie die, dass er das Kissen zerstört, auf dem er sitzt, oder die Leine durchkaut. Auch in solchen Fällen gehst du hin, ohne etwas zu sagen, nimmst das Kissen einfach weg, wechselst die Leine aus, ohne ihn loszumachen, schiebst etwas hin oder weg, veränderst die Umgebung oder die Hilfsmittel, lässt ihn aber in der Situation, ohne sie aufzulösen. Natürlich kannst du deine Einrichtung oder auch deinen Hund retten, bevor etwas kaputt geht, aber ohne ihm das Gefühl zu geben, dass die Übung unterbrochen wird. Du kannst ihm auch während der laufenden Übung einen Maulkorb aufsetzen oder ihn ganz kurz angeleint mitnehmen und an einen anderen Ort bringen und da wieder absetzen und anleinen.
Du darfst im Notfall alles rundherum und die Position des Hundes verändern, wenn es gefährlich wird oder wirklich sein muss, weil sonst etwas Schlimmes passiert.
Auch wenn deine Nachbarn dir mit Ärger drohen, wenn dein Hund nicht aufhört zu bellen, solltest du selbstverständlich den Ort der Übung wechseln und zum Beispiel mit ihm an kurzer Leine in einen anderen Raum umziehen.
Versuche so gut wie möglich vorauszuplanen und mögliche Probleme gar nicht erst entstehen zu lassen. Aber wenn du

dich dennoch einmal verplant hast, dann ist das kein Beinbruch.

Vermittle nur während der Änderungen Gelassenheit und sprich nicht mit deinem Hund. Wenn es eine Vollkatastrophe wird, dann solltest du die Übung auch ganz beenden und dir erst einmal Hilfe suchen, um zu lernen, wie du Lautäußerungen unterbindest, falls dein Hund während jeder Übung so heftig bellt, dass du keine davon ausführen kannst, ohne eine Anzeige wegen Lärmbelästigung zu riskieren.

Wenn es immer nur schlimmer wird, muss Impulskontrolle eingefordert werden oder die Übung leichter gestaltet werden.

Selbst wenn es mal dazu kommt, dass du eine Übung beendest, weil es einfach nicht geht, dann ist das nicht schlimm. Mache dann stattdessen eine andere, leichtere Übung. Wenn so etwas einmal vorkommt, tut es der Sache in der Summe keinen Abbruch. Es darf eben nicht ständig passieren, aber es geht auch nichts kaputt, wenn es einmal im Monat dazu kommt, dass du dich völlig verschätzt hast und die Übung abbrechen musst.

Beende die Übung aber wirklich nur dann vorzeitig, wenn es zu einer Gefahr kommt, nicht wenn dein Hund sich einfach sehr ärgert oder sehr frustriert bleibt. Auch zwei Stunden Frust und Stress lösen keine dauerhaften Schäden aus, solange du dich an die vorgeschlagenen Übungen hältst und der Hund nicht Schmerzen oder Übermäßiges aushalten muss, was auch von außen betrachtet untragbar wäre.

Wäge also bitte ab, ob es angemessen ist, hier so frustriert zu sein und ob wirklich etwas Schlimmes passiert oder ob dein Hund einfach über eine Kleinigkeit sehr frustriert ist. Ersteres ist nicht o. k. und darf aufgelöst werden, Letzteres ist absolut tolerierbar, kann zumindest für dieses Mal ausgehalten werden und vielleicht nächstes Mal ein bisschen sinnvoller geplant sein.

Ist das, was dein Hund hier ertragen muss, also wirklich schlimm? Jetzt und hier in der Gegenwart, ohne Interpretation, was dein Hund alles denken könnte? Muss er hier in diesem Umfeld und dieser Situation leiden? Wenn nicht, dann schau, ob du dranbleiben kannst. Bleib mutig! Hat dein Hund jetzt akut Schmerzen, leidet er Hunger oder Durst, muss er sich lösen? Dann sind dies Gründe ganz sachlich die Übung zu beenden und dabei so zu tun, als sei das alles ganz normal. Bist du einfach ungeduldig? Dann atme tiiiief durch!

DIE AUSWERTUNG

Geschafft! Du weißt nun, wie es um deinen Hund steht. Ihr habt getestet und geprobt und nach ein paar Tagen hast du einen guten Überblick, wann dein Hund mittelmäßig frustriert ist. Du hast ihn in deiner Wohnung an der kurzen Leine angebunden und dich mehr oder weniger weit entfernt. Hast in der Küche Wurst geschnitten, an der Haustür deine Schuhe angezogen und wieder ausgezogen und so getan als wolltest spazierengehen und hättest deinen Hund vergessen, weil er dadurch erst eine Frustreaktion gezeigt hat. Oder du hast neben deinem Hund gestanden, weil du gar nicht weitergekommen bist und er da schon frustriert war. Wunderbar!

Humor und Leichtigkeit sind die besten Begleiter, um sich emotional zu distanzieren. Nimm der Übung die Schwere mit liebevollen Gedanken, Herzlichkeit und stillem Verständnis.

Nun kommen wir zur Auswertung deiner Testungen und wie du damit weitermachst.

1. Option

Dein Hund schlief entspannt nach einer halben Stunde:

→ Mache am nächsten Tag etwas deutlich Schwereres, wenn dein Hund nach einer halben Stunde komplett frustfrei war.

2. Option

Dein Hund schlief entspannt nach maximal zwei Stunden:

→ Mache am nächsten Tag dasselbe, wenn dein Hund innerhalb der maximal zwei Stunden am Ende ganz entspannt war.

3. Option

Dein Hund wurde in den zwei Stunden deutlich ruhiger:

→ Mache am nächsten Tag dasselbe oder etwas Leichteres, wenn dein Hund innerhalb der zwei Stunden zwar deutlich ruhiger wurde, aber nicht ganz entspannen konnte.

4. Option

Dein Hund blieb zwei Stunden lang bei den 60 % Frustration vom Start (siehe S. 138).

→ Vermeide zukünftig hohe Verlockungen!

→ Mache am nächsten Tag etwas Leichteres und wiederhole diese Übung erst in drei bis vier Wochen wieder genauso wie heute und vergleiche.

WIE DU DIE ÜBUNGEN BEGINNST

Jede Übung sollte gründlich geplant und durchdacht werden, bevor du handelst.

- Wie viel Zeit hast du? Wie viel Ruhe oder Ablenkung? War der Hund draußen und konnte sich lösen. Das heißt nicht, dass er rennen und sich austoben soll, er soll nur nicht während der Übung pinkeln müssen! **Es ist explizit ratsam, vorher nicht wild zu rennen, den Hund hochzudrehen oder zu versuchen, ihn mit körperlichen Aktivitäten auszulasten. Aufregende und wilde Ereignisse setzen Stress im Körper frei und machen es danach schwerer, den Frust zu verarbeiten.** Auch aufgeregter Spaß erzeugt Stress und der summiert sich dann mit dem des Frusts.
- Statt wild zu spielen oder zu hetzen ist es klug, eine ruhige Runde zu gehen, dem Hund leichte und gleichbleibende Bewegung zu gönnen und ihm in einem entspannten Umfeld an der frischen Luft die Möglichkeit zu geben sich zu lösen.
- Lege dir vor Beginn der Übung eine Uhr und etwas zu schreiben bereit. Stell dir Getränke hin und deinem Hund Wasser.
- Durchdenke, was alles passieren könnte und wie du damit umgehen möchtest. Hast du etwas, um dich selbst zu beruhigen? Kennst du dein Frustmuster und kannst hier schon vorsorgen (siehe Seite 118)? Brauchst du vielleicht eine Anleitung für eine entspannende Atemübung, ein paar Kopfhörer gegen die Geräusche oder ein Telefonat mit einem lieben Menschen? Könnte dein Hund in seiner Frustration etwas zerstören wollen, was du vorher wegräumen musst? Solltest du etwas verschieben, bequemer machen, festzurren oder überprüfen, ob es hält?
- Steige so kontrolliert und durchgeplant wie möglich ein, damit du dich später so wenig wie möglich einbringen musst.
- Equipment wie Maulkorb, Leine, Decke, Futter oder andere Verlockungen, um ein Bedürfnis zu erwecken, sollten bereitliegen.
- Erst danach nimmst du deinen Hund kommentarlos und besonnen und führst ihn in seine Position. Selbstverständlich gibst du dabei keine Kommandos, sondern leinst ihn einfach an oder schiebst ihn sanft dahin, wo er hinsoll.
- Bewege dich kontrolliert und entspannt, strahle Ruhe und Gleichmut aus und atme tief und voll. Du bist hier ein Vorbild und dein Verhalten macht die Stimmung mit aus, in der die Übung laufen wird. Stelle also von deiner Seite aus alles an innerer Freundlichkeit, Mut und Sicherheit zur Verfügung, was du überhaupt aufbringen kannst. Das hier braucht keine Strenge oder Kraft, keinen Missmut und keine Angst.
- Traue deinem Hund bewusst immer wieder etwas zu und obwohl du nicht redest, kannst du ihm doch alle guten Gedanken schicken, dass du an ihn und seine Fähigkeiten glaubst und daran, dass er es schaffen wird. Hunde merken sehr genau, in welcher Stimmung wir sind. Und auch wenn sie den Sinn der Worte in unserem Kopf nicht kennen, so verändern sie trotzdem unsere Einstellung und damit tausend kleine Dinge in unserer unbewussten Körpersprache und Mimik.

WIE DU DIE ÜBUNGEN BEENDEST

- Jede Übung endet genauso besonnen und still, wie sie angefangen hat.
- Du transportierst durch dein ganzes Handeln, dass alles normal und selbstverständlich ist. Es gibt keinen Grund, irgendetwas hervorzuheben oder sich über etwas auszulassen, weder im Guten noch im Schlechten.

Nach der Übung beruhigen sanfter Körperkontakt und langsames Streicheln.

- Jede Übung wird also still beendet und vermittelt so viel Ruhe wie möglich. Mache alles beiläufig, als würdest du Wäsche zusammenlegen. Leine ab, während du dir etwas anderes anschaust, stelle Dinge selbstverständlich wieder weg, schiebe Gegenstände ganz nebenbei hin und her oder öffne Türen, als wäre es ein Zufall.
- Ohne Ansprache oder Freigabe löst du die Situation auf und machst irgendetwas anderes, bis der Hund sich mit der Idee angefreundet hat, dass es nun vorbei ist.
- Wenn er abwartet und überlegt oder den Ort, an dem er angebunden war, nicht verlässt, dann lasse ihn dort in Ruhe. Er wird nicht für immer da sitzen bleiben, versprochen!
- Vermeide noch für mindestens eine weitere halbe Stunde jede Aufregung, füttere nicht, gehe nicht spazieren und lasse den Hund noch ein wenig in Ruhe denken und nachfühlen.
- Du kannst ihn beiläufig streicheln, wenn er zu dir kommt, er darf neben dir liegen und kuscheln und ein bisschen Liebe tanken, wenn er das von sich aus möchte.

WO UND WANN

Wenn es gut läuft und du sicher bist, dann erweitere deinen Trainingsplan.

— Wechsle die Übungen nun ab. Wenn du eine bestimmte Übung täglich einbauen möchtest, ist das sinnvoll, kombiniere dann aber zusätzlich mit wechselnden anderen Übungen. Also beispielsweise täglich das Anbinden in der Wohnung üben, vielleicht sogar mit wechselnder Ablenkung. Dazu dann eine kleine Übung, die draußen stattfindet, und eine, die einen völlig anderen Anspruch hat. Zum Beispiel das sehr langsame Gehen an der Leine. Oder vielleicht integrierst du eine tägliche Sequenz an Pflegemaßnahmen, die der Hund über sich ergehen lassen soll. Du kannst auf einer Parkbank sitzen und den Hund nah bei dir festhalten und ein Buch lesen, nur noch mit einem Maulkorb spazieren gehen oder Ähnliches.

Erziehen heißt, da zu sein, wenn man gebraucht wird.

01

— Übe grundsätzlich in verschiedenen Umgebungen, mit verschiedenen Ablenkungen und zu verschiedenen Tageszeiten.
— Mache die Übungen immer mal wieder deutlich schwerer und schau, was passiert, oder packe eine bereits abgeschriebene Übung nach ein paar Wochen wieder aus und kontrolliere, ob es nicht heute doch besser klappt.
— Mache zwischendurch immer mal eine Übung so, dass sie superleicht ist und zu einem tollen Erfolg wird, und finde an einem anderen Tag eine richtige Challenge.
— Abwechslung macht es aus und natürlich kannst du auch gern deine Kreativität nutzen und dir neue Übungen ausdenken oder die Übungen abwandeln oder für eine Übung, die richtig toll funktioniert, ganz schwere Ablenkungen dazu erfinden, die plötzlich wieder alles verändern.

Bleibe aber dabei, dass du darauf achtest, das Mittelmaß der Frustration nicht bedeutend zu überschreiten, und richte den Schwierigkeitsgrad der Übungen nach den Fähigkeiten deines Hundes. In dieser Phase dürft ihr mindestens ein paar Monate bleiben und alles an leichten Übungen ausschöpfen und bereits bekannte Übungen einfach etwas schwerer gestalten, wenn sie zu einfach geworden sind.

02

03

04

05

06

01 Die Erziehenden haben alles im Blick.

02 Eingegriffen wird nur, wenn es notwendig ist.

03 Der Schutz suchende Hund wird beim Menschen „gerettet".

04 Entfernt er sich wieder vom Menschen, ist er selbst zuständig.

05 So lernt er, selbst Hilfe zu suchen, wenn er sie braucht, ...

06 ... und selbstbewusst zu agieren, wenn er es allein kann.

Weniger ist mehr! Suche am Anfang leichte Übungen aus.

WIE VIELE ÜBUNGEN AM TAG

Ausgewogenheit und Mittelmaß sind auch hier der Richtwert.

- Als Faustregel kannst du dir vornehmen, eine schwere und zwei etwas leichtere Übungen am Tag mit deinem Hund durchzuführen. Das ist aber nur ein Richtwert. Du kannst natürlich auch mal an einem Tag sechs Übungen machen und dann am nächsten Tag eine Übungspause, in der nur entspannt wird.
- Finde eine Balance aus Anspannung und Entspannung. Zwischen den einzelnen Übungen sollte dein Hund aber immer die Chance, haben zur Ruhe zu kommen und zu schlafen.
- Wenn du an einem Tag mal so richtig loslegen möchtest, dann sorge zwischendurch für genügend Pausen.
- Vielleicht bietet das Leben dir auch Möglichkeiten, eine ganz lange, schwere Übung zu machen: Eventuell musst du in die Innenstadt und kannst deinen Hund mitnehmen. Er muss drei Stunden

an ganz kurzer Leine eng an deinem Bein laufen und darf weder Tauben anstarren noch etwas vom Boden fressen. Dann muss er unter einem Tisch in einem Biergarten warten, bis deine Pause vorbei ist, hat vielleicht kein bequemes Deckchen dabei und bekommt auch keinen Kauknochen oder Futter, obwohl es sonst mittags eine kleine Mahlzeit gibt. Und schließlich muss er wieder an der kurzen Leine zurück zum Parkhaus, andere Hunde werden dabei nicht begrüßt, am Käsestand riecht er den leckeren Käse und geht dann ungefüttert weiter. Am Ende des Tages gönnst du ihm nach so viel Frust eine lange Kuscheleinheit auf dem Sofa, streichelst ihn viel zum Stressabbau und lässt ihn am nächsten Tag mit dem Thema Frust in Ruhe.

— Es ist völlig o. k. acht Stunden am Stück großem Frust ausgesetzt zu sein. Dann ist danach eben ein ruhiges Wochenende mit Streicheln, Spaziergängen und viel Schlaf notwendig.
— Manchmal muss man nur eine leichte Übung machen, und manchmal mehrere an einem Tag. Rechne ungefähr auf ein Mittelmaß von drei Übungen am Tag herunter und beziehe das auf eine Woche. Bei einer schweren und zwei leichten Übungen würde dein Hund also am Tag maximal einmal zwei Stunden und zweimal eine halbe Stunde aktiv Frust in moderatem Maße ausgesetzt sein. Das bedeutet maximal drei Stunden am Tag auf einem Level von ungefähr 50 Prozent des Möglichen. Diese optionalen drei Stunden beziehen auf sich auf ein Worst-Case-Szenario. Sollte dieser seltene Fall eintreten, dann würde ich die Zeit der täglichen Spaziergänge zugunsten der Übungen etwas verkürzen oder mit den Übungen kombinieren. Läuft es gut, dann ist jede Übung nach einer halben Stunde vorbei und du kommst auf ein Mittelmaß von anderthalb Stunden am Tag.
— Ob du diese Zeit mit Übungen füllst oder euch das Leben eine Übung aus dem Alltag bietet, so wie den Stadtbesuch, kannst du dann spontan entscheiden und anpassen.
— Je mehr Chancen es im Alltag gibt, desto weniger Übungen brauchst du. Je frustfreier hingegen der Alltag, desto mehr musst du gezielt Situationen erschaffen.
— Wenn du den Alltag nutzt, dann beobachte sorgfältig, ob dein Hund dabei wirklich frustriert ist und du nicht nur denkst, dass Hunde allgemein in solchen Situationen frustriert sein müssten.
— Sobald dein Hund erwachsen ist oder du beim bereits erwachsenen Hund nach ein paar Monaten eine deutliche Verbesserung sehen kannst, kannst du die Übungen immer seltener werden lassen.
— Startest du bereits mit dem Welpen, dann kannst du immer seltener darauf zurückgreifen je älter der Hund wird.

Hattest du die Chance, bereits mit deinem Welpen zu starten, dann musst du mit dem nun erwachsenen Hund gar keine Übungen mehr machen und nur noch im normalen Leben darauf achten, dass dein Hund gefördert bleibt. Ist die Selbstregulation mit der Pubertät einmal richtig ausgebaut, dann hast du mit dem erwachsenen Hund in der Regel keinen Bedarf mehr, extra Übungssituationen herzustellen.

ÜBUNGEN ZUR FRUSTRATIONSTOLERANZ

In diesem Kapitel findest du Übungen aus allen Lebensbereichen deines Hundes, die du auch abwandeln kannst.

RÄUME BEGRENZEN

Hunde finden es für gewöhnlich blöd, wenn sie sich nicht frei bewegen dürfen. Selbst wenn sie es gar nicht wollen, hat das Nicht-Können für sie oft etwas Frustrierendes. Dabei geht es um das Prinzip.
Die meisten Hunde würden nach dem Spaziergang sowieso auf ihrem Platz schlafen wollen. Werden sie dort aber angebunden, dann finden sie es plötzlich unmöglich. Es ist nicht das Anbinden, sondern die Tatsache, dass sie nun nicht mehr frei entscheiden können. So wie viele Hunde gern und freiwillig stundenlang in ihrer Box liegen, aber genau dann plötzlich herumlaufen wollen, wenn die Boxentür geschlossen ist.
Das Trainieren in der Box ist daher eine sehr gute Übungszone für Frustrationstoleranz. Dass man den Hund darin nicht stundenlang unterbringt oder wegsperrt, um es praktischer zu haben, sollte selbstverständlich sein. Vielmehr geht es um den gezielten Einsatz der Box für einen kurzen Zeitraum, in dem man anwesend ist. Dafür gehst du vorher mit deinem Hund spazieren, damit er sich lösen kann, fütterst ihn und nutzt dann die Zeit, wenn er sowieso einfach herumliegen würde. So kannst du sichergehen, dass sein Frust nicht aufgrund einer echten Notsituation aufkommt, sondern er eigentlich nichts zu erleiden hat und einfach nur genervt ist, dass er nicht machen kann, was er möchte.
Die Box für frustrierende Einschränkungen zu nutzen, verursacht übrigens nicht, dass der Hund sie nicht mehr mag. Genauso wenig wie er die Leine weniger mag, weil er damit angebunden wird oder weil er auf dem Spaziergang daran festgehalten wird. Ebenfalls ist das kurzzeitige Unterbringen in einer verschlossenen Box zu Erziehungs- und Absicherungszwecken, während du anwesend bist, auch nach dem neuen Tierschutzgesetz in Deutschland nicht verboten. Bei dem Gesetz geht es darum, Hunde vor einer stundenlangen Verwahrung oder gar Haltung in Boxen zu bewahren. Eine Eingewöhnung über Fütterungen in der Box

Bewegung einschränken darf immer nur der Ranghöhere.

Welpen stehen im sozialen Status unter Erwachsenen.

oder das nächtliche Schlafen darin geben dir die Sicherheit, dass sich der Hund nicht an der Box an sich, sondern an der Bewegungseinschränkung zu deinen Bedingungen stört. Statt der Box kannst du den Hund auch irgendwo anbinden und dich frei bewegen. Ähnlich wie in der Test-Übung (siehe Seite 138).
Solltest du in den Test-Situationen schon alle Ablenkungen wie einen vorgetäuschten Spaziergang, Futter in unerreichbarer Nähe oder Besuch an der Haustür, der durch die Leine nicht erreicht werden kann, gesteigert haben und nichts davon löst auch nur den kleinsten Frust aus, dann dreh die Übung um: Wenn dein Hund durch das Fixiertsein in der Wohnung niemals frustriert ist, egal was er vermeintlich alles verpasst, dann nötige ihn zum ständigen Hinterherlaufen. Binde dir dafür eine Leine um den Bauch und bewege dich einfach ganz natürlich in deiner Wohnung, genauso wie sonst auch. Beachte deinen Hund dabei nicht und gehe einfach weiter, ohne ihn anzusehen oder anzusprechen. Manch eine Couchpotato findet es blöder, immer hinterlaufen und aufstehen zu müssen, als angeleint herumzuliegen. Selbst aufdringliche „Stalker" können durch diese Methode die Lust daran verlieren, den Menschen bis auf die Toilette zu folgen. Müssen sie mitkommen ist der Spaß an der Verfolgung plötzlich nur noch halb so groß. Teste doch mal aus. Es geht einfach nur darum, eine Möglichkeit zu finden, Frust auszulösen, ohne dem Hund wehzutun oder ihn in eine gefährliche Situation zu bringen. Du stellst eine schwierige Situation nach, die in Wirklichkeit unspektakulär und banal ist. In der Art, in der man am besten für den Ernstfall übt: geplant, abgesichert, mit Zeit und Ruhe und ohne echte Not. Wie man bei der Feuerwehr tausendmal übt, ohne dass es wirklich brennt, um dann in einer echten Situation ganz cool bleiben zu können.

Schule dein Auge und finde genervte und traurige Hundemimik.

STEIGERUNG DER ÜBUNG

Anbinden in der Wohnung

- **Stufe 1:** Nah bei dir ohne Ablenkung.
- **Stufe 2:** Du bewegst dich frei in der Wohnung.
- **Stufe 3:** Futter liegt gerade noch unerreichbar in der Nähe vor dem Hund.
- **Stufe 4:** Du und andere Personen/Hunde bewegen sich aktiv (Lasse bitte keinen Hund zu deinem laufen, während dieser angebunden ist!).

ABWANDLUNG DER ÜBUNG, FALLS DEM HUND ALLES EGAL IST

- Kurze Leine um den Bauch binden, die gerade noch zulässt, dass der Hund direkt neben dir liegen kann.
- Damit im Haus bewegen, kochen, auf die Toilette gehen, Kaffee machen und alles andere, als wäre der Hund nicht da.

UMFELD VERÄNDERN

Anbinden draußen

- **Stufe 1:** Hund an der Parkbank angebunden, du sitzt auf der Bank und nichts passiert.
- **Stufe 2:** Hund an der Parkbank angebunden, du stehst ein paar Meter weiter weg und telefonierst.
- **Stufe 3:** Hund an der Parkbank angebunden, du unterhältst dich mit anderen Hundeleuten (deren Hund angeleint ist).
- **Stufe 4:** Hund an der Parkbank angebunden, du fütterst und streichelst andere Hunde ein paar Meter entfernt.

Anbinden in der Hundeschule

Wenn du eine Hundeschule hast, in die du gehst, dann kannst du dort fragen, ob du Gruppenstunden für deine Übungen nutzen darfst. Du möchtest damit bei deinem Hund die Erwartungshaltung auslösen, dass er mitmachen könnte. Natürlich tut ihr das aber nicht, sondern sitzt nur langweilig am Rand herum und fahrt dann wieder. Eine echte Herausforderung an die Frustverarbeitung deines Hundes. Bitte frag vorher deine Trainer*in, ob sie sich gestört fühlt, wenn ihr zuschaut, und lasse ein paar Euros für die Kaffeekasse da!

- **Stufe 1:** Stelle dich mit deinem Hund an kurzer Leine an den Zaun des Geländes und lasse den Hund zuschauen.
- **Stufe 2:** Binde deinen Hund außerhalb des Geländes an und lasse ihn zuschauen, während du etwas dichter am Trainingsgeschehen dran bist.

— **Stufe 3:** Stelle dich weiter weg und lasse deinen Hund während einer Spielgruppe zusehen, ohne mitzumachen. Denk daran, am Ende nicht doch noch ein Spiel zuzulassen! So würdest du seine Erwartungshaltung nur steigern und beim nächsten Mal wird er es noch schwerer haben, sich herunterzufahren, da er durch die Erfahrung noch mehr darauf wartet, endlich doch zu bekommen, was er wollte.

ACHTUNG!

Für alle Übungen des Anbindens gilt immer, dass bitte kein anderer Hund oder Mensch deinen angebundenen Hund belästigen darf. Die Leine sollte immer sehr kurz und weiter oben festgemacht sein, sodass dein Hund sich darin nicht einwickeln kann. Er sollte nur geradeso direkt unter dem Knoten liegen können.

Alle Übungen können noch weiter gesteigert werden, indem du den Ort wechselst und zum Beispiel einen sehr belebten Ort aufsuchst. Oder indem du dich anderen Dingen zuwendest und Dinge allein oder mit anderen machst, die dein Hund gern mitmachen würde. Passe hier achtsam an und bringe deinen Hund und dich, aber auch andere niemals in Gefahr!

Zusehen und „nichts“ machen ist ganz viel machen.

FUTTER IN AUSSICHT STELLEN, ABER NICHT GEBEN

Fressen ist für die meisten Hunde etwas, was sie sehr gern tun, auch wenn sie nicht wirklich Hunger haben. Da sie es gewohnt sind, von uns gefüttert zu werden, ist es besonders leicht, eine Erwartungshaltung zu erschaffen. Diese Erwartungshaltung ist nötig, um den Hund zu frustrieren, denn wird diese Erwartung dann nicht erfüllt, kommt automatisch Frust auf. Wie du ja schon weißt, braucht es genau diesen Frust, um Frustrationstoleranz zu bekommen und die Auseinandersetzung damit. Der Frust muss im Gehirn „wirken" können, damit die körpereigenen Systeme im Hund aktiviert werden, um den Frust zu bekämpfen. Je öfter das passiert, desto schneller kann der Hund diese Systeme auch in anderen, frustrierenden Situationen aktivieren.

ACHTUNG!
Bei der Üung gilt immer: Du musst deinen Hund nicht hungern lassen! Füttere ihn einfach ganz normal und mische dann eine Stunde später noch mal Futter an und tu so, als hätte er noch nichts bekommen. Es geht nicht darum, ihn zu quälen oder hungern zu lassen, sondern seine Erwartungshaltung zu wecken und dann nicht zu erfüllen. Er ist also satt und hat einfach nur Lust, weil er denkt, dass es noch mal etwas gibt. Dann stellst du das zweite Abendessen weg und gibst es ihm erst am nächsten Tag und natürlich auch nichts anderes mehr an diesem Tag. Über Nacht hat er genug Zeit, um mit dem Gedanken abzuschließen, sodass es hier zu einer Übung der Frustrationstoleranz und nicht einer Übung des Belohnungsaufschubes wird.

Man kann es sich auch gemütlich machen beim Lernen.

- **Stufe 1:** Gib ein Kommando und zeige dabei offensichtlich, dass du Futter in der Hand hast. Löse das Kommando wieder auf, gib dem Hund aber nicht das Futter, das er nun erwartet, sondern stecke es wieder weg.
- **Stufe 2:** Zeige deinem Hund Kauknochen oder Leckerlies und bringe sie dann wieder zurück in den Schrank.
- **Stufe 3:** Richte das Futter an, stelle es hin, nimm es dann wieder auf und stelle es in den Kühlschrank für den nächsten Tag.

DINGE UNERREICHBAR MACHEN

Futter in Aussicht zu stellen und nicht zu geben, eignet sich für viele Hunde besonders gut. Sollte dein Hund nicht gern fressen und sogar sehr attraktives Futter wie Fleischwurst links liegen lassen, dann kannst du

Vor allem braucht man eines: Geduld und Zeit!

auch mit einem Spielzeug arbeiten, das er gern mag.
Oft reicht es schon aus, sich selbst kurz mit einem Gegenstand zu beschäftigen, also zum Beispiel etwas zu untersuchen, damit herumzuspielen oder einfach so zu tun, als sei man total interessiert. Das weckt die Neugierde beim Hund, selbst nachschauen zu wollen. Man kann dafür völlig banale Gegenstände benutzen und sie einfach interessant machen.

— Probiere es mal aus und inspiziere begeistert einen alten Lappen, halte ihn, als wolltest du ihn beschützen und für dich beanspruchen, schau ihn an, wühle in ihm herum und rieche auffällig daran.
— Wenn der Hund schaut, was du da tust, dreh dich weg, als wolltest du den tollen Lappen verbergen.
— Die Wahrscheinlichkeit, dass dein Hund nun unbedingt den Lappen ansehen möchte, ist sehr groß und schwups hast du ein Bedürfnis geschaffen, was nicht erfüllt wird und auch völlig egal ist.
— Und ganz gleich ob du Futter oder einen künstlich aufgewerteten Gegenstand nutzt, wesentlich ist, den Hund nicht an

Hat er es einmal gelernt, kann der Hund später selbst vernünftig handeln.

01

02

den Gegenstand zu lassen, aber weiterhin so zu tun, als würde sich das lohnen.

— Du kannst dich dafür auf den Boden setzen und deinen Hund ohne viel Aufhebens mit der Hand wegschieben, dich dann etwas wegdrehen, den Lappen möglichst weit weghalten und so lange weitermachen, bis dein Hund keine Lust mehr hat, es zu versuchen.
— Vielleicht bellt er dich an, wird ungeduldig und wütend. Vielleicht probiert er es mit niedlichen Tricks, Tauschangeboten oder einem süßen Bettelblick. Egal was er tut, beachte es nicht, sondern beobachte nur gespannt, was er denkt, womit er dich rumkriegen kann. Die Tricks, die er hier versucht, sagen viel darüber aus, wie er dich einschätzt, denn er macht nun das, von dem er glaubt, dass man dich damit besonders gut beeinflussen kann.
— Sollte er sich gar nicht beruhigen, ist es auch egal. Versuche, ihn möglichst zu frustrieren und zeige ihm den Lappen auf keinen Fall, egal was er tut.
— Am Ende legst du den Lappen an eine Stelle weg, an die er ganz sicher nicht drankommt, also oben in einem geschlossenen Schrank. Das Wichtigste ist, dass er wirklich nicht dazu kommt, doch noch mal zu schauen was das war. Sei dir bewusst, dass er diesen Lappen auf jeden Fall bekommen will und du ihn gut wegräumen musst.
— Beim nächsten Mal kannst du denselben Lappen wieder nutzen, bis er unattraktiv geworden ist und dein Hund auch mit der größten Mühe nicht mehr dafür zu begeistern ist. Du kannst hier auch die Gegenstände wechseln, wenn einer seinen Reiz verloren hat. Verfahre genauso wie bei der Übung mit dem Futter (siehe Seite 156).

TIPP

Wenn dein Hund Spielzeuge hat, die er sehr mag, kannst du diese anstelle von Futter oder anderen Gegenständen verwenden. Ebenso kannst du Personen, oder befreundete Hunde als Verlockung nutzen, die dann in deiner Wohnung, oder draußen in unerreichbarer Nähe bleiben. Auch hier kannst du die Schwierigkeit erhöhen, indem die Person zum Beispiel aus der Ferne lockt.

KUSCHELTIERE IM KNAST

Falls du eine sichere und feste Box hast und dein Hund sie mag, kannst du sie nun für die folgende Übung nutzen.

03

04

01 Eine Verlockung wird erschaffen.

02 Das Bedürfnis wird nicht erfüllt.

03 Frust breitet sich aus, der Mensch bleibt aber ruhig.

04 Frust wird ausgehalten und es wird abgewartet, bis er sich legt.

— In der Übung machst du Spielzeug erst dadurch interessant, indem du dich ein bisschen damit beschäftigst, es dann in die Box legst und die Tür verschließt. Dein Hund bleibt draußen. Genauso kannst du auch Fleischwurst oder eine Kaustange in die Box legen. **Wichtig ist, dass der Hund sich beim Einbruchsversuch nicht verletzen und die Box ganz sicher nicht öffnen kann. Unterschätze nicht die Intelligenz und Problembewältigungsstrategien von Hunden.** Selbst komplizierte Öffnungsmechanismen sind für schlaue Hunde kein Problem. Hier muss die Tür zusätzlich mit Kabelbindern oder Schnellspannern gesichert werden. Plane die Situationen vorher gut durch.

— Nun kannst du zusehen, wie dein Hund versucht, an das Objekt der Begierde heranzukommen, es aber nicht schafft.

— Nach einiger Zeit des Versuchens nimmst du das Spielzeug oder die Wurst wieder heraus und legst sie an einen Ort, an den der Hund ganz sicher nicht rankommt.

— Am nächsten Tag kannst du ihn dann mit der Wurst füttern oder das Spielzeug wie zufällig irgendwo im Raum liegen lassen.

Übrigens ist diese Übung super, um das Liegen in der Box zu etwas Hochwertigem aufzuwerten. Hunde, die aufgrund schlechter Erfahrungen Angst vor der Box haben, können so das Eintreten als Privileg ansehen.

Etwas ruhig zu betrachten, kann erlernt werden.

ORTE ODER PERSONEN NICHT INSPIZIEREN DÜRFEN

Hunde sind neugierig und wollen gern kontrollieren und abchecken. Dieses Bedürfnis ist natürlich unterschiedlich stark ausgeprägt, je nach Charakter. Dem Hund in einer bestimmten Situation zu verweigern, alles abzuchecken, wird auch Frust auslösen und eignet sich daher gut für eine Übung. **Es sollte selbstverständlich sein, dass bei dieser und auch keiner anderen Übung jemals gemeint ist, dass der Hund niemals etwas tun darf!** Es geht nie darum, ihm irgendetwas immer und jedes Mal zu verwehren, sondern darum, einzelne Situationen zu schaffen, in denen er auch mal etwas nicht darf. Das bedeutet im Gegenzug

01

02

aber nicht, dass er es niemals darf. Er soll also selbstverständlich grundsätzlich Räume erkunden dürfen, aber heute – als Übung – darf er es mal nicht, morgen aber wieder.

Es eignet sich dann als Übung, wenn ihr irgendwo seid, wo ihr euch normalerweise nicht aufhaltet. Zum Beispiel könnt ihr Freunde besuchen.

— Betrete die Wohnung deiner Freunde mit dem Hund an der kurzen Leine und lasse ihn direkt neben deinem Sitzplatz auf seiner Decke liegen und dort die ganze Zeit bleiben, bis ihr wieder geht.
— Achte darauf, dass er beim Rein- und Rausgehen keine Möglichkeit hat, schnell in ein anderes Zimmer zu laufen oder an der Leine um die Ecken zu linsen.
— Du kannst auch Menschen zu dir nach Hause einladen und den Hund durch eine Leine, eine Box oder ein stabiles Kommando, auf der Decke zu bleiben, davon abhalten, den Besuch zu begrüßen oder abzuchecken.
— Damit du hier keinen Belohnungsaufschub trainierst, sondern wirklich Frustrationstoleranz, denke daran, dass der Besuch am Ende wirklich unbeschnuppert wieder geht und es keine Begrüßung gibt, auch nicht am Ende.
— Beim nächsten Besuch kannst du wieder alles machen wie gewohnt und andere Übungen für die Frusterzeugung nutzen.
— Der ständige Wechsel zwischen den Übungen sorgt dafür, dass alles immer nur alle paar Wochen mal verboten und dann wieder erlaubt ist, während dann etwas anderes zum Thema wird.

01 Klare Grenze und das Einfordern von sozialen Regeln

02 Ohne Worte und ohne Aufregung wird mit Körpersprache und einem Schubser korrigiert.

03 Die Situation bleibt erhalten, damit eine neue Lösung gefunden werden kann.

03

SPAZIEREN GEHEN IN AUSSICHT STELLEN, ABER NICHT GEHEN

Frust entsteht, wenn eine Erwartung nicht erfüllt wird. Wir suchen also nach Situationen, in denen der Hund eine Erwartung hat, um diese dann gezielt nicht zu erfüllen, damit er lernen kann, damit umzugehen.
Da die meisten Hunde gern spazieren gehen, lässt sich der Spaziergang sehr gut nutzen, um eine Erwartungshaltung aufzubauen.

- **Stufe 1:** Tu so, als wolltest du spazieren gehen, bewege dich mit dem Hund Richtung Haustür und nimm die Leine auf. Hänge sie dann wieder weg und lies ein Buch oder schau einen Film oder mache etwas anderes für dich.
- **Stufe 2:** Zieh auch die Schuhe an, lege dem Hund das Halsband um und öffne kurz die Haustür, bevor du alles wieder wegräumst und doch nicht gehst.
- **Stufe 3:** Gehe sogar ein paar Meter mit kurzer Leine raus und dreh dann wieder um oder lasse deinen Hund an der offenen Tür warten (Impulskontrolle), gehe allein ein paar Meter und komm dann wieder zurück und bleib zu Hause.

Auch hier gilt selbstverständlich, dass du ganz normal mit deinem Hund spazieren gehen kannst! Gehe einfach erst eine Runde, warte nach dem Zurückkommen eine Viertelstunde und tu so, als würdest du noch mal losgehen wollen. Damit bist du sicher, dass dein Hund nicht dringend muss und er eine reale Chance hat, sich zu entspannen. Er soll ja den Gedanken, rauszugehen, wieder vollständig loslassen können und dafür braucht er wahrscheinlich ein bisschen Zeit. Drückt ihn die Blase, kann er sich diese Zeit und Ruhe aber nicht nehmen.

KÖRPERPFLEGE

Nimm dir Zeit für Körperpflege bei deinem Hund: kämmen, Krallen schneiden, Ohren säubern. Alles, was machbar ist, ihn aber

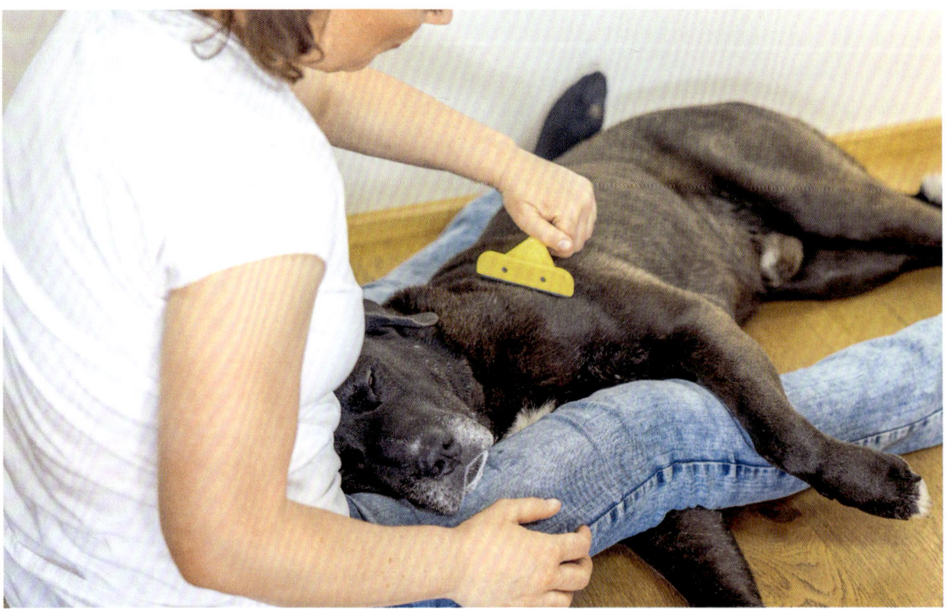

Selbstverständlich kann nur etwas werden, wenn es einfach gemacht wird.

01

02

etwas nervt. Lasse ganz besonders schwierige Sachen erst mal weg und mache das, was er noch o. k., aber als etwas lästig empfindet. Zwinge ihn sanft, jedoch konsequent, da zu bleiben und die Maßnahmen über sich ergehen zu lassen, die nicht wehtun. Bleibe dabei ganz ruhig und sachlich, halte ihn fest, ohne wütend zu werden, und finde die Balance, freundlich und gleichzeitig standhaft dabei zu bleiben, was du tust.
Gerade die liebevoll erzwungene Körperpflege ist eine ganz besonders gute Methode, um leichten Frust aufkommen zu lassen und gleichzeitig im freundlichen Kontakt zu bleiben. Nebenbei ist es sowieso für alle Hunde wichtig, regelmäßig körperlich abgecheckt zu werden, um ihren Gesundheitszustand zu überwachen. Es hat aber auch etwas von elterlicher Fürsorge dem Hund gegenüber und drückt damit auf eine sehr spezielle Art deine hohe soziale Stellung aus, denn du bestimmst, wie lange die Maßnahmen stattfinden und dein Hund muss damit umgehen, dass er vielleicht nach ein paar Minuten lieber etwas anderes täte.
Manche Hunde müssen bei der Körperpflege vorsichtshalber mit einem gutsitzenden Maulkorb abgesichert werden, da sie reaktiv zum Schnappen neigen.
So eine Absicherung kann helfen, ganz unbeirrt weiterzumachen, ohne aus dem Schnappen gleich ein Drama zu machen.

03

01 – 03
Nicht locker lassen, ohne fies zu werden, ist eine Kunst.

Entspannen, während das Leben um einen herum tobt.

LANGEWEILE AUSHALTEN

Bleib beim Spaziergang zwischendurch stehen und lasse die Leine deines Hundes kurz. Stell dir einen Timer auf ein paar Minuten und bleib in dieser Zeit einfach stehen.

— Du kannst telefonieren, eine kleine Atemmeditation machen, dich mit jemandem unterhalten oder einen Podcast hören. Hauptsache, du kümmerst dich nur um dich und lässt den Hund für ein paar Minuten unbeachtet in seiner Langeweile.
— Wenn er versucht, die Leine zu zerbeißen, unaufhaltsam bellt oder dich anspringt, kannst du ihn ganz ruhig anfassen und festhalten, wegschieben oder einfach greifen und mit etwas Zug an dein Bein heranziehen und dort festhalten, bis er sich wieder beruhigt hat.
— Dabei machst du aber unbeirrt mit dem weiter, was du vorher getan hast, und schaust den Hund nicht an, sprichst nicht mit ihm und schenkst seinem Verhalten keine Aufmerksamkeit.
— Alles, was du ignorieren kannst, ignorierst du. Alles, was unerträglich oder gefährlich wird, unterbindest du mit stillem Festhalten ohne Blickkontakt, als sei der Hund ein Koffer, den du an dein Bein ziehst und der immer wieder wegrollt.

SLOW MOTION

Die meisten Hunde können schnell und aktiv viel besser als besonnen und geduldig. Oft ist das einfach deswegen so, weil wir es ihnen nicht beibringen und Zufriedenheit meist mit Enthemmung gleichstellen.
Dass auch in der meditativen Ruhe Erholung und Freude liegen kann, erziehen wir den Hunden manchmal schon richtiggehend ab, anstatt es sie zu lehren. Hier können wir aber nacharbeiten, denn (hoffentlich) wird auch dein Hund irgendwann einmal alt sein. Und dann ist es aus mit dem wilden Rennen und „Alles-schnell-machen-Können“. Der Körper lässt irgendwann nicht mehr zu, dass alles im Eiltempo erledigt wird und die Um-

Schnell gehen kann ja jeder ..., aber langsam?

stellung aufs Altern wird für den Hund zur Qual, wenn er sein ganzes Leben lang immer nur auf ein hohes Tempo gebaut hat. Einfach mal richtig langsam gehen können viele Hunde nicht, obwohl sie dazu eigentlich in der Lage sein sollten. Du kannst es üben und damit durch das Üben direkt Frustration auslösen und so Frustrationstoleranz schulen.

Übrigens ist das langsame Gehen im Schritt eine der einfachsten und wirksamsten Übungen für Hunde in der Physiotherapie. Jeder Fuß muss einzeln gehoben und gesetzt werden und dadurch wird die Muskulatur auf eine Art gestärkt, die sonst nicht machbar ist. Längere Strecken in sehr langsamem Schritt zu gehen, ist damit nicht nur eine tolle Übung für bessere Frustrationstoleranz, sondern auch eine echte Gesundheitsvorsorge für den Bewegungsapparat.

Natürlich wollen wir aber hier, dass der Hund dabei frustriert ist, das ist ja das Ziel! Deswegen wird selbstverständlich der Frust nicht vermieden oder weggenommen, sondern der Hund bekommt die Chance zu lernen, selbstständig damit umzugehen und sich mit der Zeit immer mehr zu beruhigen und eine eigene Lösung für einen guten Umgang mit seiner Ungeduld zu finden.

— Gehe dafür mit deinem Hund an der kurzen Leine einen Spaziergang in Zeitlupe. Du kannst vorher ein Stück in normalem Tempo laufen, damit er sich lösen konnte. Deine Zeitlupe ist also das Ende deines Spazierganges.
— Nimm dir mindestens eine Viertelstunde Zeit, gern auch mehr, und gehe so langsam du kannst.
— Schau dabei stur auf den Weg vor dir, gehe beständig weiter, ohne stehen zu bleiben.
— Egal was dein Hund tut, gehe einfach immer sehr, sehr langsam weiter.
— Lasse die Leine so kurz, dass sich dein Hund deinem Tempo komplett anpassen muss.
— Auch wenn er zieht, andere Hunde anbellt oder sonstige Dinge tut, lasse die Leine einfach ganz kurz, greife zur Not in das Halsband und gehe weiter, als sei nichts und als würdest du nichts davon bemerken.

- Lasse deinen Blick auf dem Weg und bleib mit deinem Körper nach vorn ausgerichtet in die Richtung, in die du gehen möchtest: kein Schimpfen, keine Kommandos, kein Locken!
- Übe dich darin, alles egal sein zu lassen, und sei einfach ein gutes Vorbild, ohne in das Verhalten deines Hundes eingreifen zu wollen.
- Gehe so das letzte Stück bis durch die Haustür und löse erst im Hausflur ruhig das Halsband, nachdem die Tür geschlossen ist.
- Lasse den Hund dann ohne etwas zu sagen los und bewege dich beim Ausziehen der Schuhe und Jacke noch etwas weiter in absoluter Langsamkeit und in dich gekehrt.

Ein Hund sollte alles mal erlebt haben, was auf ihn zukommen könnte.

Diese Übung wird nicht nur die Geduld deines Hundes schulen, sondern auch deine eigene. Solltest du irgendwann mit Fieber spazieren gehen müssen oder nach einer Operation oder einem Knochenbruch nur extrem langsam laufen können oder dir auf einem Spaziergang den Knöchel verdrehen, wirst du sehr froh darüber sein, wenn dein Hund das aushalten kann.

STÖRENDE DINGE AM KÖRPER

Alles, was den Hund stört, nervige, körperliche Ereignisse, stärken die Frustrationstoleranz. Dabei sollte es immer etwas sein, das der Hund merkbar gern loswerden würde, ohne dass es ihn in völlige Panik bringt.
Es geht weniger um die Dinge an sich, als um das Gefühl, etwas Unangenehmes auszuhalten und zu merken, dass die Welt davon nicht untergeht. Das ist immer eine Gewöhnungssache und im Endergebnis hast du damit die Frustrationstoleranz gestärkt und irgendwann gewöhnt sich der Hund daran, ist nicht mehr frustriert und kann ganz nebenbei einen Verband am Körper akzeptieren.
Das zu können ist von unschätzbarem Wert für den Notfall. In der Tierklinik muss der Hund vielleicht nach einer Vollnarkose einen Maulkorb tragen, weil das ein Standardverfahren ist, um nicht von einem verwirrten Hund gebissen zu werden. Nach einer Verletzung bedarf es eventuell einer unangenehmen Behandlung, einem Kragen oder Verband. Lernt der Hund schon vorher ohne Schmerzen, dass das o. k. ist, dann

Egal ob man es im echten Leben braucht oder ob es nur Spaß ist.

erspart es ihm in der Notfallsituation eine Menge unnötigen Stress.

Den Frust zu ertragen, wenn eigentlich nichts los ist, ist viel leichter für alle Beteiligten, als ausgerechnet in einem Moment des echten Leids damit auch noch umgehen zu müssen.

- Lasse deinen Hund also Klamotten tragen, die er eigentlich nicht braucht, nur um zu lernen, damit umzugehen, dass etwas an seinem Körper nervt.
- Du kannst auch Bandagen um ihn wickeln, einen Kopfverband machen oder dicke, weiche Haargummis über seine Beine ziehen, die er nicht abmachen darf.
- Alles, was als störend am Körper wahrgenommen wird ohne Schmerzen zu verursachen, ist legitim und kann so lange genutzt werden, bis es dem Hund egal ist.
- Nimmt er es nicht mehr wahr, dann wechselst du zu etwas anderem, denn das Ziel ist ja, dass er davon gestört sein soll und trotzdem klarkommt.

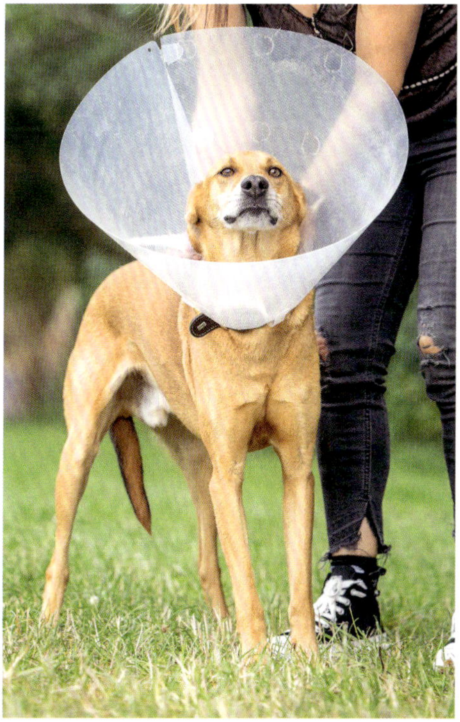

Wer DAS kann, kann alles!

WEITERE IDEEN, UM DEN HUND ZU FRUSTRIEREN

Nutze und erweitere die folgende Liste und erstelle mit den Regeln zum Übungsaufbau (siehe Seite 138 bis 151) einen eigenen Trainingsplan, der zu deinem Hund passt.

- Den Hund Mantel, Schuhe oder Ohrenschützer tragen lassen.
- Kragen aufsetzen und einen Tag lang drauf lassen.
- Den Hund einen gut sitzenden Maulkorb tragen lassen (bitte professionell beraten lassen).
- Packtaschen tragen lassen.
- Gewichtsmanschetten aus der Physiotherapie an die Beine wickeln.
- Über schwierige Untergründe an kurzer Leine laufen (Geröll, halbtiefes Wasser, Gitter, Unterholz).
- Den Hund auf dem nassen Boden einmal Sitz, oder Platz machen lassen.
- Dem Hund für einen Tag verbieten das Sofa zu benutzen, und ihn herunterschieben.
- Den Hund für einen Tag einen Raum im Haus nicht betreten lassen.
- Den Hund für einen Tag nur einen bestimmten Raum im Haus betreten lassen.
- Das Hundekörbchen für einige Zeit an einen unattraktiveren Platz im Raum stellen.
- Den Hund neben dem Sofa während des Fernsehens auf dem unbequemen Boden liegen lassen.
- Den Hund auf dem Sofa liegen lassen, wenn es ihm dort nicht gefällt und zu warm ist.
- Zwangskuscheln und Massieren.
- Intensive Körperpflege, Duschen, Bürsten und Zähne putzen.
- Einen Tag nur an sehr kurzer Leine spazieren gehen.
- Den Hund nur an ausgewählten Stellen markieren lassen, die man vorher festlegt.
- Eine Woche an der Hundewiese vorbeigehen, ohne hinzugehen.
- Den Hund mehrere Tage an einer Stelle nicht ableinen, an der er sonst immer frei ist.
- Dem Hund immer mal wieder mit unattraktivem Futter füttern.
- Zu einem Ort fahren, den der Hund kennt und dann wieder umdrehen, ohne auszusteigen.
- Allein eine kleine Runde spazieren gehen und den Hund im Auto lassen.
- Einen ganzen Spaziergang immer hundert Meter konsequent „Bei Fuß“ gehen lassen, dann stehenbleiben und zum Lösen freigeben und wieder im „Bei Fuß“ weitergehen.
- Mit anderen Hunden gemeinsam einen langen Spaziergang machen, alle laufen frei, nur deiner ist an der kurzen Leine.
- Im Körbchen sitzen bleiben müssen während der Staubsauger drumherum saugt.
- Den Hund mal nicht beachten, wenn er einen anstupst, sondern seine eigenen Dinge weitermachen.
- Den Hund im Garten anbinden, wenn er sonst frei laufen darf oder angeleint im Garten „spazieren gehen“.

Mit Neid zu spielen ist sinnvoll, muss aber gut abgeschätzt und kontrolliert werden, damit es unter den Hunden nicht zu Streit kommt!

01

02

Wer immer an erster Stelle steht, erwartet irgendwann, dass es stets so sein wird.

01 Wozu mit Keksen eintrainieren, wenn man den Frust gebrauchen kann?

02 Erst ist es eine Übung für Frustrationstoleranz, dann wird es zur Gewöhnung.

- Den Hund zehn Minuten lang neben dem Bein sitzen lassen, ohne dass er aufstehen oder sich hinlegen darf (siehe auch: Beschreibung der Parkposition Seite 96).
- Ein Leckerchen auspacken, zeigen und wieder einstecken.
- Extrem pingelig auf Kleinigkeiten bestehen, die man eingefordert hat (bei Kommandos).
- In der Hundeschule mit läufigen Hündinnen zusammen auf dem Platz arbeiten.
- Rüden nicht schnuppern lassen, wo die läufige Hündin markiert hat.
- Hund nicht zurückbellen lassen, wenn er angebellt wird.
- Tierärztliche Untersuchungen, Physiotherapie und Hunde-Groomer aufsuchen
- Hund nicht in den Garten lassen, obwohl die Tür offen ist.
- Bei Regen spazieren gehen.
- An langweiligen Straßen an der Leine spazieren gehen.
- Besuch empfangen und den Hund den ganzen Abend im Körbchen liegen lassen, ohne dass er den Besuch begrüßen darf.

FEHLVERKNÜPFT?

Übrigens: Sollte dein Hund während des gemeinsamen Spazierganges wütend auf die frei laufenden Hunde werden, dann liegt es nicht an einer Verknüpfung seiner Gefühle. Der Hund wird keine Hunde hassen, weil er heute nicht mitlaufen durfte.
Der Hund wird deinen Besuch nicht weniger mögen, wenn er ihn heute nicht begrüßen durfte.
Gefühle sind nicht programmierbar, das hatte ich bereits beschrieben. Und Hunde sind nicht dumm. Genauso wenig wie du dich in den unsympathischen, unfreundlichen Pizza-Lieferanten verliebst, weil er deine geliebte Pizza bringt, wird auch der Hund nicht glauben, dass die anderen Hunde schuld an seinem Gefühl wären.
Trotzdem solltest du darauf achten, dass dein Hund nicht aus Impulsivität seine schlechte Laune an anderen auslässt, um sich wieder besser zu fühlen. Seine Wut an anderen auszulassen, ist eine schlechte Angewohnheit aber keine Fehlverknüpfung der Gefühle. Lies dazu noch mal die Erklärung zu den ungünstigen Kompensationsmethoden (siehe Seite 92 bis 99).

ALLTAGSMÖGLICHKEITEN NUTZEN

Neben allen geplanten Übungen gibt es immer wieder Chancen im Alltag, die man nur ergreifen muss.

Der Hund zeigt überall Bedürfnisse, viele werden erst in dem aktuellen Moment geweckt und sind eine reine Reaktion auf einen äußeren Reiz und keine wichtigen Grundbedürfnisse. Essen ist zum Beispiel ein Grundbedürfnis und gehört selbstverständlich erfüllt. Hungern ist keine Option. Wenn wir selbst eigentlich satt und wohlgenährt an einem Krapfenstand vorbeigehen und die süßen Schmalzgebäcke riechen, dann wird in uns ein Bedürfnis ausgelöst, das nicht notwendig ist und von dem wir gar nicht wussten, dass wir es haben, bis uns der Floh ins Ohr gesetzt wurde durch den schmackhaften Geruch des Gebäcks.

Genau solche Momente sind ideal zur Übung von Frustrationstoleranz. Der Hund hat Grundbedürfnisse, die erfüllt werden müssen und sollen, doch nebenbei finden sich tausend kleine, unwichtige Bedürfnisse, ich nenne sie mal „Lust-Bedürfnisse", die von außen ausgelöst werden und nicht durch eine innere Notwendigkeit.

BEISPIELE

— Der Hund schnuppert eigentlich gerade zufrieden, sieht einen Hund und will dann plötzlich dahin, nur weil dieser Hund gerade am Horizont auftaucht. Er hat regelmäßigen Sozialkontakt mit anderen Hunden und dass dieser Hund jetzt auf einmal so spannend ist, liegt nur daran, dass er gerade da ist. Das Bedürfnis war vorher nicht vorhanden. Hier einfach vorbeizugehen, ohne den Hund immer „Hallo" sagen zu lassen, ist eine Übung, die sich anbietet. Der Hund bekommt Sozialkontakte, aber eben nicht jeden und nicht jeden, der nur durch den Außenreiz zum Bedürfnis wurde.

— Der satte Hund hat Lust, etwas zu fressen, nur weil plötzlich Futter auftaucht, oder

— der ausgepowerte Hund hat Lust, rauszugehen, weil er das Klimpern der Leine gehört hat und plötzlich ans Rausgehen denkt.

— Der Hund, der eben einen langen Spaziergang hatte und nun sowieso auf seiner Decke schlafen wollte, ist auf einmal genervt, weil er neben der Decke angebunden wurde und plötzlich nur deswegen das Bedürfnis hat, sich frei zu bewegen.

Es muss nicht jedem Hund „Hallo" gesagt werden.

Manchmal ist man einfach nur dabei und nicht im Mittelpunkt.

— Der Hund bekommt seine notwendige Aufmerksamkeit und Streicheleinheiten. Gut so! Das heißt aber nicht, dass er sie immer bekommen muss, wenn er es gerade möchte. Du darfst auch mal keine Zeit, keine Lust und keine Energie haben ihm Aufmerksamkeit und Kontakt zu schenken. Dass er jetzt Lust hat, gestreichelt zu werden oder zu spielen, ist ein situatives Bedürfnis, was du auch ablehnen kannst.

Diese hundert kleinen Lust-Bedürfnisse von echten Bedürfnissen zu unterscheiden und das eine zugänglich zu machen, während das andere gezielt verwehrt wird, ist Training im Alltag. Wer hier genau unterscheidet und handelt, der wird die bestmöglichen Erfolge erzielen. So wie du wahrscheinlich auch gelernt hast, dass Krapfen nicht zwingend notwendig sind, wenn man gerade satt ist, Essen aber grundsätzlich schon. Und dass man eben durchaus mal einen Krapfen essen kann. Beobachte deinen Hund und überlege bei den Kleinigkeiten des Alltags, ob alle echten Bedürfnisse deines Hundes erfüllt wurden und ob du Lust-Bedürfnisse finden und als Übung nutzen kannst.

Und selbst Menschen haben das Bedürfnis, sich in Ruhe zu unterhalten.

IMPULSKONTROLLE UND BELOHNUNGS-AUFSCHUB

BELOHNUNGSAUFSCHUB

Selbst in vielen Hundeschulen wird heute noch ausschließlich Belohnungsaufschub gelehrt und das fälschlicherweise als Frustrationstoleranz bezeichnet.

Wer fleißig, aber ausschließlich beim Belohnungsaufschub bleibt, der erreicht nie das Ziel, seinen Hund allein gute Entscheidungen treffen zu lassen. Er braucht ein Hundeleben lang andauernde Kontrolle und Training. Und er muss in allen schwierigen Situationen sagen, was der Hund machen soll. So kann es passieren, dass man in bester Absicht übt und trainiert und trotzdem aus Versehen um die Frustrationstoleranz herum lehrt und sich ungeachtet der vielen Arbeit nichts grundlegend verändert.

Von Belohnungsaufschub spricht man dann, wenn ein Bedürfnis erst später erfüllt wird. Frustrationstoleranz hingegen braucht es, wenn das Bedürfnis gar nicht erfüllt wird und der Hund sich damit abgibt, dass er eben nicht bekommt, was er möchte und den Gedanken an die Erfüllung seines Wunsches vollständig verwirft und vergisst.

DIE KLEINE SCHWESTER DER FRUSTRATIONS-TOLERANZ

Abwarten und dann als Anerkennung dafür erhalten, was er wollte, ist Belohnungsaufschub. Man könnte sagen, es ist die kleine Schwester der Frustrationstoleranz. Sie haben etwas miteinander zu tun, sind aber beides eigenständige „Personen", die auf unterschiedliche Weise gepflegt werden müssen. Belohnungsaufschub heißt durchhalten in dem Wissen, dass man bekommt, was man will, aber kurz die Füße stillhalten muss, eine bewusste und ausgesuchte Handlung. Diese Geduld in Hinblick auf eine später folgende Erfüllung der Bedürfnisse trägt über den Frust hinweg. Der Hund braucht sozusagen keine Frustrationstoleranz, weil er gar nicht wirklich in einen frustrierenden Moment kommt, denn er hofft ja noch, bzw. ist sich sicher, zum Ziel zu gelangen.

BEISPIELE

Wenn er jetzt brav ist, bekommt er gleich sein Futter. Wenn er jetzt „Sitz!" macht, löst der Mensch die Leine. Wenn er am Bordstein wartet, darf er gleich über die Straße laufen. Wenn er wartet, bis ich den Napf hingestellt habe, darf er gleich fressen. Wenn er stehen bleibt, während ich den Ball werfe, lasse ich ihn gleich hinterherhetzen und den Ball holen usw. ... ein Tausch von zeitlich begrenzter Zurückhaltung und dem Versprechen, etwas zu bekommen. Damit kann man sich ganz gut durchs Leben schummeln.

Natürlich lässt sich Belohnungsaufschub nicht vermeiden! Stellt man dem Hund das Futter hin, dann wird er mit steigendem Hunger nicht aufhören, auf das Futter zu hoffen. Da man ihn ja schlecht verhungern lassen kann, muss man die Übung irgendwann mit der Freigabe beenden. Der Hund wartet ab, denkt aber die ganze Zeit an das Futter und trägt sich mit der Hoffnung, dass er es auch bekommen wird. Dann bekommt er es und er hat am Belohnungsaufschub gearbeitet.

Geduldig zu sein oder leidend abzuwarten ist ein Unterschied.

Wie du Übungen so aufbaust, dass sie wirklich die Frustrationstoleranz schulen, wird auf Seite 138 bis 173 ausführlich erklärt. Hier ist der Aufbau der Übung ebenfalls das, was den Unterschied macht. Den Hund einfach nur warten und lieb sein lassen, ist also nicht das Ziel und ist vielleicht manchmal nicht vermeidbar, ersetzt aber nie die intensive Auseinandersetzung mit der echten Frustrationstoleranz. Auch wenn das Abwarten und Stillsitzen bis auf Stunden ausgedehnt werden kann, so bleibt der Hund dabei in einer permanenten Erwartungshaltung. Es kann nicht zu einer inneren Entspannung kommen.
Man könnte einem Hund durchaus beibringen, unter dem Tisch Platz zu machen, und das mit reinem Belohnungsaufschub immer weiter in die Länge ziehen. In Aussicht dafür gäbe es einen Keks. Würde man nun den Hund immer ein paar Sekunden länger liegen lassen, bis der Keks kommt, dann würde er am Ende vielleicht sogar zwei Stunden dort liegen und auf die Belohnung warten. Er würde unentwegt an den Keks denken, vor einer riesigen Sabberpfütze liegen, aber sich zusammenreißen. Oder kurz einschlafen, aber sobald sich der Mensch bewegt, wieder hoffnungsvoll aufschauen. Er könnte nicht mit dem Gedanken abschließen und sein System im Gehirn herunterfahren in den Erholungsmodus. Kurz gesagt: Der Hund würde dabei eben keine Frustrationstoleranz nutzen.

In so einem Fall wäre das für den Hund unfair, denn er kann sich nicht selbst helfen. Er wäre auf die Gunst des Menschen angewiesen, der von außen seine Gefühle zu regulieren versucht und ihn im Dauerstandby hält. Eine weitere Gefahr ist, dass der Frust durch die hinausgezögerte Erwartung noch intensiver ausfällt, wenn dann die Auflösung nicht stattfinden kann. Wenn der Hund mit so viel Mühe gemacht hat, was von ihm verlangt wurde, und sich nur für das Erreichen des Zieles zusammengenommen hat. Weil er sich so sehr in die Hoffnung hineingesteigert hat, wird seine Reaktion viel extremer ausfallen, wenn dann eine Enttäuschung kommt. Das mühsam bestärkte Versprechen nicht zu erfüllen, ist ein härterer Schlag als einfach von Anfang an zu ahnen, dass man hier leer ausgehen wird.

Ein Spiel mit der Hoffnung kann einem im Training ganz schön auf die Füße fallen. Kann man nichts gegen den Frust tun, weil der Hund zum Beispiel krank ist, oder sich die Verlockungen immer weiter anhäufen und es immer schwerer wird, still zu halten, bricht es hervor wie aus einem Vulkan. Dazu kommt auch noch, dass eine gesteigerte Erwartungshaltung je nach Reiz den Hund für sich selbst immer unkontrollierbarer macht. Er freut sich vielleicht so sehr auf die Belohnung, die am Ende seiner Bemühungen stehen wird, dass er sich immer schlechter zusammennehmen kann. Je sicherer er ist, dass er gleich erhält, was er will, desto schwerer fällt es ihm, auszuharren. Viele Hunde bleiben deswegen ewig auf einem Trainingsstand hängen, in dem immer wieder ermahnt und aufgebaut werden muss. Oder ihre Menschen glauben irrtümlicherweise, dass sich die Frustrationstoleranz ihres Hundes abnutzen würde, weil die Hunde nach einiger Zeit plötzlich geradezu explodieren.

Mit echter Frustrationstoleranz wäre es da so viel netter und einfacher für den Hund und so viel schneller und verständlicher aufgebaut.

Um beim Beispiel des Liegens unter dem Tisch zu bleiben, erzähle ich die Geschichte noch mal anders: Der Hund würde dort freundlich abgelegt werden, der Mensch würde kommentarlos unter dem Tisch mit dem Fuß auf der Leine stehen, sodass der Hund nicht aufstehen kann. Nun würde der Hund erstmal in Frustration verfallen, genervt sein und versuchen, aufzustehen. Da das nicht funktioniert, würde er wahrscheinlich schnaufen, fiepen und an der Leine ziehen. Er wäre der Überzeugung, dass sein Problem nur eine Frage des Belohnungsaufschubes wäre. Wenn er nur doll genug zieht, laut genug winselt oder süß genug schaut, dann würde er schon zum Ziel kommen und sich wieder frei bewegen können. Nun bleibt der Mensch aber ruhig sitzen, beachtet die Versuche des Hundes einfach nicht und hält sich zurück mit Kommandos oder Gemeckere. Er sitzt einfach nur da, kümmert sich um seine Angelegenheiten und vermittelt dadurch, dass es normal ist, so zu sitzen und dass es keinen Grund gibt, sich aufzuregen.

Natürlich vermittelt er dadurch ebenfalls, dass er keine der gezeigten Verhaltensweisen bestätigen oder unterbrechen wird und der Hund einen Weg finden muss, allein damit klarzukommen, dass es ist, wie es ist. Genau darin liegt ja die Kompetenz, die der Hund erlangen soll, nämlich ohne die Hilfe des Menschen durchs Leben zu kommen und selbstwirksam und selbstsicher zu werden.

Selbstwirksamkeit kann der Hund aber nur erleben, wenn er selbst eine Lösung findet, und Selbstsicherheit kann er nur entwickeln, wenn er sich selbst beweisen darf, dass er zurechtkommen kann, auch wenn es mal unbequem ist.

Nach einigen Minuten des Quengelns wird der Hund sich hinlegen und nachdenken. In dieser Phase überlegt er gezielt, wie er den Menschen beeinflussen kann. Hier werden nun die besten Strategien ausgepackt, die garantiert wirken. Genau in diesem Moment würde jemand, der dieses Buch nicht gelesen hat, wahrscheinlich loben und damit alles zunichte machen. Die Phase des Denkens führt oft zu neuen Versuchen, die zielgerichtet ins Herz treffen sollen. Hasst man eine bestimmte Frequenz des Fiepens beim Hund, dann wird er genau das jetzt tun. Schmilzt einem das Herz bei einem ganz bestimmten Blick und einem süßen Schwanzwedeln? Dann wird der Hund es genau jetzt einsetzen, um zum Ziel zu kommen. Kann der Hund Gegenstände gut einschätzen? Dann wird er nun anfangen zu versuchen, die Leine durchzukauen, am Schuh zu kratzen oder irgendetwas sonst zu tun, von dem er denkt, dass dies eine todsichere Strategie ist. Und hat der Hund gelernt, dass der Mensch sich damit begnügt, wenn er kurz artig ist, dann wird der Hund kurz und erwartungsfroh artig sein, aber nur kurz. Wahrscheinlich führt er sogar ein unausgesprochenes Kommando aus, um seinem Menschen zu gefallen und dem gewünschten Belohnungsaufschub Genüge zu tun.

Irgendwann muss man raus. Warten ist also immer Belohnungsaufschub.

Abwarten, bis der Hund ruhig ist, um ihn dann machen zu lassen.

Das ist eine Übung zum Belohnungsaufschub und keine Frustrationstoleranz-Übung!

Er sucht sich das aus, was in der Vergangenheit am ehesten zum Erfolg geführt hat. Hier bekommt man als Mensch also gnadenlos um die Ohren gehauen, was der Hund über einen denkt, wie man wohl manipulierbar sein könnte. Alles, was hier gezeigt wird, haben wir Menschen den Hunden vorher als mögliche Lösungsstrategien beigebracht und sei es auch nur unabsichtlich. Unser Mensch aus dem Beispiel bleibt aber ganz ruhig, merkt sich, was sein Hund für Strategien ausprobiert, bleibt kommentarlos und ohne unter den Tisch zu schauen sitzen, atmet ruhig und tief weiter und kümmert sich wieder um seine Arbeit. Irgendwann hat der Hund alle Strategien, die ihm einfallen, mehrfach durchprobiert und zwischendurch immer mal wieder kurz ruhig dagelegen. Erst wenn der Hund wirklich mit dem Gedanken abgeschlossen hat, dass der Mensch aufgrund seines Verhaltens die Leine losmachen wird, ändert sich die Reaktion. Unser Hund hat verächtlich geschnauft, ein bisschen gelangweilt dagelegen und ist nun eingeschlafen. Nachdem er fünfzehn Minuten ruhig schläft, beugt sich der Mensch nun still herunter, löst beiläufig den Karabiner der Leine, setzt sich genauso ruhig wieder auf und arbeitet weiter. Als wäre das alles ganz aus Versehen passiert und hätte nichts mit dem Hund zu tun. Der Hund wacht erstaunt auf und schaut sich um. Er bemerkt, dass die Leine ab ist und steht auf. Nichts passiert, niemand sagt etwas, der Mensch ist in seine Arbeit vertieft. Der Hund steht ungläubig auf, schüttelt sich und geht umher. Der Mensch arbeitet noch ein bisschen weiter und steht dann irgendwann ebenfalls auf und macht irgendetwas anderes.

Falls du bei dieser Geschichte gedacht hast: „Aber was mache ich denn, wenn…" oder „Mein Hund würde aber ewig bellen…" – dazu kommen wir noch. Das Beispiel soll erstmal zeigen, wie sich der Mensch im optimalen Fall verhält, dass es keine Kommandos, keine Belohnung und keine Strafe braucht, dass beides auch kontraproduktiv wäre und dass so eine Übung verschiedene Phasen durchläuft, mit denen der Hund sich in Ruhe auseinandersetzen muss. Würde man nur abwarten, bis der Hund ganz kurz still ist, aber nur nachdenkt, was er als nächstes tun kann, um aus der Situation herauszukommen, dann würde man hier nur den Belohnungsaufschub lehren und die Erwartungshaltung für den nächsten Moment noch unnötig schüren.

Bei den Übungen werde ich immer wieder an den Unterschied erinnern, damit du nicht aus Versehen nur den Belohnungsaufschub trainierst und dein Hund noch viel frustrierter und fordernder wird, obwohl du so viel übst. Belohnungsaufschub ist eine

tolle Sache. Er sollte geübt und gekannt werden und kann in vielen Situationen ausreichen, er darf nur nicht als Ersatz für Frustrationstoleranz genutzt werden.
Während der Hund aus dem ersten Beispiel am Ende zwar genauso still unter dem Tisch im Restaurant sitzt wie der zweite Hund, auf dessen Leine sein Besitzer gestanden und abgewartet hat, gibt es einen großen Unterschied. Nach außen liegen beide da. Der Hund, der nur Belohnungsaufschub kennt, ist aber in Daueranspannung und einer ständigen Herausforderung. Sein Körper ist während der gesamten Zeit unter Stress und er geht erschöpft nach Hause. Ohne das entsprechende Kommando kann er das Verhalten nicht abrufen und wenn die erwartete Belohnung ausbleibt, wird er wieder anfangen aufzustehen und herumzulaufen. Der andere Hund dagegen wird entspannt daliegen und innerlich ruhig sein. Er wird gestärkt durch seine Handlungsfähigkeit an Selbstvertrauen dazugewinnen und dieses Gefühl auch in andere Situationen des Alltags übertragen können. Er legt sich irgendwann automatisch und ohne Anweisung unter den Tisch und bleibt dort vollkommen ruhig liegen, bis er explizit gerufen wird. Ablenkungen ignoriert er. Er wird weniger auffallen, keine Ermahnungen brauchen, ausgeglichener und gefasster sein und während des Liegens keinen Frust empfinden.
Belohnungsaufschub ist ein Teil der Dressur und notwendig im Hundesport, in dem der Hund aufmerksam abwarten und dann schnell reagieren soll. Dazu zählt zum Beispiel das Apportieren, bei dem der Hund erst abwartet, aber gedanklich bei dem Wunsch bleiben soll, loszustarten. Er soll zwar ausharren, bis der Mensch ihn frei gibt, aber nicht die Idee verwerfen, gleich los zu dürfen. Ansonsten würde er sich nicht konzentrieren und nicht mitdenken. Der Belohnungsaufschub kann so durchaus eine wichtige Rolle in einigen Punkten des Zusammenlebens einnehmen. Diese beziehen sich hauptsächlich auf den Hobby- und Sportbereich und weniger auf die bewusste Veränderung des Sozialverhaltens und der Persönlichkeitsstruktur des Hundes.

Nur über Belohnungsaufschub zu arbeiten, verstärkt die Erwartungshaltung noch.

ÜBUNGEN FÜR BELOHNUNGS-AUFSCHUB

In manchen Lebenssituationen passt es besser mit Belohnungsaufschub statt Frustrationstoleranz zu lernen.

WARTEN AN DER STRASSE

- Der Hund wird bis an den Rand des Gehwegs geführt und dort bleibt der Mensch abrupt stehen. Man muss dazu kein Kommando auftrainieren, wenn der Hund an der Straße grundsätzlich immer warten soll.
- Ein Kommando ist nur notwendig, wenn es sich nicht um Grundsatzregeln dreht, die immer gelten. Der Hund kann auch einfach erkennen, dass jeder Kantstein automatisch nicht verlassen werden darf, egal ob der Mensch etwas dazu sagt. Selbstverständlichkeiten dürfen als selbstverständlich vermittelt werden. Kommandos braucht es nur selten.

Erst ruhig abwarten, dann über die Straße laufen ist eine passende Situation für eine Belohnungsaufschub-Übung.

- Im Normalfall ist es ausreichend, wenn der Mensch immer wieder die Straßenseite wechselt und vorher sehr merkbar und klar an der Kante stoppt und seinen Hund durch leichten Zug an der Leine oder mit einer flachen Hand an der Hundebrust direkt wieder auf den Gehweg zurückbewegt, sollte dieser einen Schritt auf die Straße machen.
- Dabei verhält sich der Mensch so, dass der Hund vorgelebt bekommt, dass es völlig normal, alltäglich und indiskutabel ist, eine Straße einfach so zu überqueren. Ohne zu sprechen oder zu loben selbstverständlich, denn es soll ja Alltäglichkeit transportiert werden.
- Der Mensch bleibt nur ruhig stehen, mit den Füßen und dem Blick nach vorn gerichtet, ohne seinen Hund anzusehen. Er bewegt ihn konsequent, sachlich und still so oft wieder zurück in die richtige Warteposition, bis der Hund dort von allein stehenbleibt, ohne dass der Mensch sich kümmern muss.
- Erst wenn der Mensch aufgerichtet, ohne warnende Blicke oder Handzeichen und mit durchhängender Leine neben dem Hund steht, gibt er seine Aufforderung und geht mit dem Hund zusammen los. Die Aufforderung kann ein körpersprachlich unterstütztes Wort wie „O. k.!", oder „Frei!" sein. Es reicht aber auch eine eindeutige und sich immer wiederholende Geste mit aufforderndem Charakter.
- Sollte dieser Umgang nicht ausreichen, um innerhalb von ein paar Tagen mit bewusst vielen Straßenüberquerungen den Hund sichtbar auf die Idee zu bringen, selbstständig am Straßenrand stehen zu bleiben, dann muss sehr wahrscheinlich vorher an der Leinenführigkeit allgemein gearbeitet werden. Eventuell kann es zusätzlich notwendig sein, mit einem Profi eine eindeutigere Eingrenzung als das Zurückschieben an der Brust des Hundes zu etablieren. Das ist aber eher selten der Fall.
- Die größte Schwierigkeit beim Üben ist es, konsequent den Mund zu halten und nicht in Drohlauten und Ungeduld zu verfallen. Wer sich die Zeit nimmt, einmal ordentlich und konsequent zu arbeiten, der schafft in ein paar Tagen mehr als mit einem gut gemeinten, aber überfordernden Regen aus Kommandos, Lob und Meckern.

Probiere es einmal aus, vollkommen still mit deinem Hund zu arbeiten. Du wirst sehen, dass es euch beide entspannt und dafür sorgt, dass er viel aufmerksamer auf dich und deine Körpersprache achten wird, als wenn du mit ihm sprichst oder Handzeichen gibst.

„SITZ", WÄHREND ANGELEINT WIRD

- Der Hund wird mit einem „Sitz!"-Kommando zum Hinsetzen gebracht oder es wird ihm beigebracht, dass er grundsätzlich immer sitzen soll, wenn der Mensch mit der Leine zu ihm geht. Wenn Letzteres erwünscht ist, spart man sich das Reden und schiebt den Hund einfach ritualisiert immer beim Anleinen mit den Händen wieder in eine sitzende Position, so oft, bis er sich irgendwann selbstständig hinsetzt, wenn das gewohnte Anleinritual beginnt.
- Erst wenn er ruhig sitzen bleibt, wird er angeleint und dann mit einem Auflösekommando oder einer deutlichen und auffordernden Geste zum Aufstehen und Mitkommen eingeladen.
- Steht er vorher selbstständig wieder auf, wird er kommentarlos so oft wieder hingesetzt, bis er sitzen bleibt. Hier ist wieder Geduld und Konsequenz gefragt. Und natürlich deine Fähigkeit nicht zu sprechen und den Hund einfach still immer wieder hinzusetzen.

WARTEN, BIS ABGELEINT UND DIE FREIGABE GEGEBEN WIRD

- Auch hier bietet es sich an, kein Kommando für das Warten, sondern eines für die Freigabe zu etablieren. Dann braucht man nicht immer etwas zu sagen, um den Hund zu stoppen, sondern es wird von selbst durch den Griff zum Halsband kommuniziert, dass er abwarten soll. Der Mensch greift dafür ans Halsband und bewegt den Hund so lange wieder in die korrekte Warteposition, bis der Hund dort verweilt, auch wenn der Griff gelockert wird. Auch hier muss weder mahnend gesprochen noch sonst wie kommentiert werden. Es erklärt sich einfach von selbst, dass es erst los geht, wenn der Hund selbstständig stehen bleibt.
- Erst wenn der Mensch nicht halten und den Hund nicht zurückbewegen muss, löst er den Karabiner und gibt den Hund mit einem auffordernden Wort und entspannter Körpersprache frei.
- Damit der Hund nicht das Klicken des Karabiners als Auflösung ansieht, ist es ratsam, mehrmals nur damit zu klicken, ohne die Leine zu lösen, und den Hund so aufhalten zu können, falls er dann losstürmt.

Das „Lauf!" nicht zu übertreiben fördert ein vorsichtigeres Loslaufen.

ERST FÜTTERN, WENN DER HUND EINEN SCHRITT ZURÜCKGEHT

- Für diese Übung lohnt es sich, in beide Hände ein Leckerchen zu nehmen und sie unterhalb der Blickhöhe des Hundes still mit ausgestreckten Händen zu halten. Schaut der Hund einem in die Augen, öffnet sich exakt in der Sekunde des Blickkontaktes eine der Hände und bewegt sich in Richtung Hund, sodass er fressen kann.

- Macht der Hund irgendetwas anderes, bleiben die Hände geschlossen und es passiert nichts. Bei dieser Übung muss man sehr genau schauen, dass man sich so hinsetzt und die Hände so vor sich hält, dass der Hund sich angeregt fühlt, an die Leckerlies zu kommen und für einen Blickkontakt deutlich aufschauen muss. Nur so lässt sich erkennen, wann er wirklich geguckt hat.
- Der Blickkontakt wird exakt in der Sekunde belohnt, in der die Augen sich treffen. Erst wenn das zuverlässig klappt, wird die Zeit des Anschauens um immer eine Sekunde verlängert und der Hund bekommt erst nach mehreren Sekunden des Ansehens sein Leckerchen.
- Steigere dich hier ganz langsam über viele Wiederholungen. Verbindet der Hund das Ansehen mit etwas, was er nicht machen sollte, also zum Beispiel dem Kratzen mit der Pfote, dann bleibt die Hand geschlossen.
- Sie öffnet sich nur, wenn der Hund sich zurücknimmt, still wartet und dir in die Augen schaut. Die Handlung darf sehr kurz sein, aber sie muss perfekt sein.

Ist die Hand weit weg von dem Gesicht, kann man den Blickkontakt besser erkennen.

Belohnt wird die erste Sekunde des Blickes und dann wird der Zeitraum immer weiter ausgedehnt.

- Dasselbe kannst du mit einem Futternapf machen. Dafür stellst du den vollen Napf schräg von dir weg, sodass du zwischen Napf und Hund sitzt oder hockst. Will er hingehen, dann hältst du ihn wortlos mit der flachen Hand an der Brust ab und schiebst ihn zurück.
- Steht er wieder in seiner Position, schaust du ihn freundlich an und nimmst deine Hand zurück.
- Erwidert er deinen Blick, ohne in Richtung Napf zu laufen, gibst du ihn sofort mit einem Wort und einer auffordernden Körpersprache frei und bewegst dich vom Futter weg, sodass er ungehindert hingehen kann.
- Dieses Verhalten kannst du vom Welpenalter an als Ritual etablieren, bis dein Hund automatisch einen Schritt rückwärts geht und dich ansieht, wenn du das Futter abstellst und er auf deine Freigabe wartet.

„BLEIB!" ODER „WARTE!"-KOMMANDOS

- Am leichtesten lernt der Hund ein Wartekommando, wenn du dich ihm frontal in den Weg und körpersprachlich aufrecht entgegenstellst. Wenn du magst, kannst du eine Hand heben wie die Verkehrspolizei, musst es aber nicht.
- Halte deinen Hund dabei unbedingt an der kurzen Leine. Bleibt er stehen, sagst du dein Kommando. Geht er vorwärts, bewegst du ihn etwas zurück oder drückst mit der flachen Hand auf seinen Brustkorb und schiebst ihn damit rückwärts.
- Stelle ihn konsequent, aber wortlos, genau an der Position wieder ab, wo du dein Kommando gegeben hast. Achte pingelig auf jeden Zentimeter, bleibe aber ganz langsam und bewege dich so gezielt und wenig wie möglich.

— Der Mund bleibt zu und die Leine ist kurz, sodass keine unnötige Bewegung in die Sache kommen kann.
— Setzt sich der Hund, stellst du ihn mit den Händen wieder hin. Das tust du so lange und geduldig, bis er an der richtigen Position steht. Dann löst du auf und lobst ihn.
— Kann er das gut im direkten Nahbereich, dann kannst du einen Schritt rückwärts gehen, während er stehenbleibt.
— Verlässt er die Position, verfährst du genauso wie vorher. Die Leine bleibt so lange dran, bis du dich so weit entfernen kannst, dass du sie am Boden ablegen musst.
— Deine Auflösung und dein Lob sollten abwechselnd stattfinden, mal aus der Entfernung, mal erst, nachdem du wieder zu deinem Hund zurückgekommen bist. So kann er lernen, dass der Abstand zu dir unbedeutend für das Kommando ist und auch aus dem Laufen heraus in der Entfernung zu dir zum Warten kommen, wenn du es später anwendest.

Das Kommando kann hilfreich sein, wenn du zum Beispiel spazieren gehst und ein Fahrrad zwischen dir und deinem Hund durchfährt und keine Zeit mehr ist, ihn heranzurufen. So kannst du ihn stoppen, dass er nicht zu dir und direkt vor das Fahrrad läuft.

01

02

03

01 Ruhige Bewegungen sind wichtiger als schnelle Korrekturen.

02 Still und konzentriert agieren wirkt als gutes Vorbild.

03 Die Hände sind ein besseres Werkzeug als der Mund.

Jagdreize sind eine gute Ablenkung, wenn alles andere schon klappt!

DEN HUND ERST SCHICKEN, WENN ER RUHIG WARTET

Um mit Bewegungsreizen zu arbeiten, ist es unbedingt wichtig, dass dein Hund keinerlei Ambitionen hat, exzessiv zu jagen. Wenn sich abzeichnet, dass er ein gesteigertes Interesse an schnell bewegten Dingen oder Personen hat, dann lasse ihn bitte nicht Bälle oder andere Gegenstände jagen. Das kann zu gravierenden Veränderungen im natürlichen Beutefangverhalten und zu gefährlichen Situationen führen. Hunde, die Gegenstände kopflos und sehr aufgeregt hetzen, neigen schneller dazu, Kinder, Autos oder kleine Hunde im fehlgeleiteten Jagdverhalten zu jagen oder zu verletzen. Manche Hunde kann das Hetzen von Gegenständen auch so einnehmen, dass sie suchtartiges Verhalten entwickeln und an nichts anderes mehr denken können. Im Zweifelsfall lasse also alles lieber weg, was mit Bewegungsreizen und Jagen zu tun hat. Es gibt genug Beschäftigung und Ablenkung, genug Übungsfelder und Auslastung für Hunde. Niemand ist auf Bälle angewiesen, um den Hund fit zu halten oder zu erziehen und der mögliche Schaden übersteigt den möglichen Nutzen leider öfter als einem als Trainerin lieb ist. Natürlich ist es kein Muss, dass es schiefgeht. Aber es kann passieren und das ist dann so schlimm, dass ich persönlich lieber darauf verzichten würde als ein unnötiges Risiko einzugehen.

— Ist dein Hund erwachsen und sicher nicht ballverrückt oder jagdlich überambitioniert, dann kannst du hier mit dem Belohnungsaufschub arbeiten.
— Dafür wirfst du den Ball, während dein Hund angeleint bei dir ist. Gib deinem Hund zuvor das „Sitz"-Kommando einmal deutlich und freundlich. Setzt er sich nicht oder steht wieder auf, setzt du ihn mit den Händen exakt an die Stelle, wo er sitzen sollte. Du schweigst während des gesamten Prozesses und reagierst sachlich und konsequent. Erst wenn dein Hund sicher sitzt und keinerlei Ambitionen zeigt, loszulaufen, schickst du ihn, den Ball zu holen.

Diese Übung ist nicht für jeden Hund geeignet. Beobachte hier sehr kritisch, ob du ihm hier wirklich hilfst oder ihn eher heiß machst. Ball, Stock, Frisbee, Dummy oder Reizangel sind alle als Bewegungsreiz zu verbuchen. Wenn du wissen möchtest, ob dein Hund gefahrlos hetzen darf, stell dir die Frage: Kannst du ihn jederzeit aus dem Galopp hinter dem Ball abrufen? Kommt er

Der Hund sollte in Ruhe abwarten können.

Und ohne Aufregung loslaufen.

dann zuverlässig zu dir, auch wenn der Ball noch fliegt oder springt? Wenn das der Fall ist, hurra! Dann viel Spaß mit dem Üben am Bewegungsreiz! Wenn das Hetzen allerdings verursacht, dass dir jegliche Kontrolle über deinen Hund entzogen wird, dann lasse es lieber sein.

INS KÖRBCHEN GEHEN, WENN BESUCH KOMMT

Du kannst das Gehen zum Korb entweder unter ein gesprochenes Kommando stellen oder aber einfach als Ritual etablieren, das mit dem Klingeln an der Tür verbunden wird.

In beiden Fällen ist es ratsam, mit einer Hausleine zu arbeiten. Das ist eine dünne Leine am Halsband, die keine Schlaufe hinten hat, die sich verhaken könnte. Die Leine schleift ungefähr einen Meter am Boden.

- Sobald es klingelt oder du dein Kommando gesagt hast, nimmst du das Ende der Leine und zuppelst deinen Hund damit ein bisschen ungemütlich zum Korb, ohne ihn anzusehen.
- Erst wenn alle vier Beine darin stehen, hörst du auf und wartest ab, ob du korrigieren musst. Korrigieren tust du mit dem gezupften Zurückziehen bis ins Körbchen. Auch hier sprichst du kein einziges Wort.
- Die Leine wird fallengelassen und du gehst zur Tür. Es ist normal, dass du deinen Hund beim ersten Versuch fünfzig Mal hintereinander wieder zurückbringst.
- Bleib ruhig und konsequent. Geht der Hund los, du drehst dich um, um ihn zu korrigieren und er läuft schnell ins Körbchen zurück, dann gehe unbedingt trotzdem hin, nimm die Leine auf und „zuppel" ein paar Mal nach oben daran. Jedes Loslaufen ist ein Versprechen auf ein Zuppeln, auch wenn der Hund sich selbst korrigiert, wenn er sieht, dass du es gemerkt hast. Das ist sehr wichtig, ansonsten wirst du ständig ermahnen müssen und dein Hund wird immer nach einer Lücke suchen, um schnell durchzubrechen.
- Erst wenn er brav im Korb bleibt, egal ob stehend oder liegend, gibst du ihm mit deinem Auflösekommando zu verstehen, dass er jetzt aus dem Körbchen raus darf.

Halte deine eigenen Impulse, zu reden oder genervt zu werden im Zaum und sei ein gutes Vorbild! Dein Hund lernt immer auch an deinem Verhalten, wie man sich benimmt, nicht nur an der Übung selbst.

WAS IST IMPULSKONTROLLE?

Impulskontrolle ist das, was wir Vernunft nennen: abwägen, nachdenken und in die Zukunft planen.

Kommen wir nun zur sogenannten Impulskontrolle, dem letzten wichtigen Pfeiler der Selbstregulation. Diese braucht es, um impulsive Handlungen zu unterdrücken und zu bremsen – also, um Ideen, die in den Kopf geschossen kommen, bewusst nicht in die Tat umzusetzen. Wenn der Hund frustriert ist, dann entscheidet seine Impulskontrolle darüber, ob er dabei laut bellt oder still dasitzt und schlechtgelaunt dreinschaut. In beiden Fällen wäre er frustriert, im letzteren Falle hätte er aber seine Impulse unter Kontrolle.

Die Impulskontrolle hemmt reaktive, unüberlegte Handlungen. Also alles, was einfach direkt gemacht wird, ohne lange abzuwägen, was es für Folgen haben könnte. Das bezieht sich auf das, was der Hund körperlich tut und wie er fühlt: Bellen, beißen, loslaufen zu etwas hin, weglaufen von etwas weg, hochspringen, etwas fressen, einfach alle Bewegungen oder Geräusche, alle Reaktionen eines Hundes.

Agiert ein Hund impulsiv, dann bezeichnen wir das in der Gesamtheit umgangssprachlich als „schlecht erzogen“. Der impulsive Hund bellt, läuft einfach los, zieht an der Leine und frisst, ohne zu checken, was er da nimmt. Er kommt oft in Konflikte mit anderen Hunden oder ist schreckhaft und ängstlich und reagiert auf kleinste Reize mit Fluchtverhalten. Impulsive Hunde neigen auch zu emotionalen Überreaktionen.

Egal welche Impulse es sind, es ist immer die Impulskontrolle, die die Reaktion bremst. Jede Form des reaktiven Verhaltens wird

Nicht anzustupsen ist Impulskontrolle.

Stillhalten, während der Body angezogen wird – Hunde mit einer guten Impulskontrolle können es aushalten ohne nach den Händen zu schnappen.

WESHALB MAN IMPULSE NICHT UMLENKEN SOLLTE

Dass der Mensch versucht, Kontrolle über die Impulse der Außenwelt zu bekommen ist keine Impulskontrolle.
Impulskontrolle ist genau wie Frustrationstoleranz etwas, was sich verbessert, wenn es immer wieder eingefordert wird. Sie nutzt sich nicht ab, sondern wird besser, je öfter sie gebraucht wird. Impulskontrolle muss abverlangt werden, es muss also für den Hund eine Notwendigkeit geben, sie zu nutzen.
Um das Verwenden einer angebrachten Strafe zu umgehen, wird oft versucht, Impulse umzulenken. Das funktioniert zwar an einigen Stellen, stellt aber keine Impulskontrolle her. Abzulenken statt abzuverlangen, dass der Hund trotz des Impulses etwas Bestimmtes nicht tut, was er eigentlich tun wollte, ist nur das, was das Wort schon sagt: Ablenkung. Das Gehirn erfährt dadurch kein Wachstum!

Selbstkontrolle findet wirklich nur dann statt, wenn der Hund sich bewusst gegen seine eigentliche Idee entscheidet, obwohl sein inneres Bedürfnis anders ist. Er muss seinen inneren Antrieb bremsen und sich zusammennehmen. Wird einfach auf einen anderen Impuls umgeleitet und ein neues Bedürfnis geschaffen, dann unterdrückt der Hund seine Handlung nicht. Er geht nur ungebremst einem anderen Impuls nach.
So lernt er leider das Gegenteil von dem, was man wollte, nämlich seine Ideen ungehemmt in Taten umzusetzen.
Bellt er andere Hunde an der Leine an und wird mit der Aussicht auf einen Keks oder ein Spielzeug abgelenkt, dann wird sein Impuls zu bellen gegen den Impuls getauscht, zu fressen oder zu jagen. Dem darf er dann frei nachgehen, was seine Fähigkeit zur eigenen Hemmung weder braucht noch fördert.
Bei einem Auto würde man sagen, dass es, statt zu bremsen einfach die Richtung ändert und genauso schnell weiterfährt. Die Bremse wird dadurch immer schlechter und der Hund sogar noch gefördert, sich ungebremst zu verhalten.

Das Umlenken von Impulsen gehört damit zu den situativen Notfallmaßnahmen, die nur dann sinnvoll sind, wenn gerade nichts anderes möglich ist, hat aber keine erzieherische Auswirkung. Im Verhalten des Hundes wird dadurch nichts verändert und seine Fähigkeiten werden nicht gestärkt. Stattdessen macht sich der Mensch immer mehr zum wichtigsten Einfluss auf den Hund. Er muss nun jeden Moment überschauen, stets rechtzeitig agieren, um noch ablenken zu können, und bringt den Hund damit in wachsende Abhängigkeit. Und das, obwohl jeder Hund in der Lage ist, sein Handeln bewusst zu kontrollieren und sich auch in schwierigen Situationen zusammenzunehmen. Wie auch bei uns ist es nur eine Sache der Förderung und Übung, sein Verhalten zu hemmen und sich höflich zu benehmen, sogar wenn man mal genervt ist. Diese Fähigkeit liegt jedem Hund zugrunde, und wenn sie nicht gerade aktiv über permanentes Umlenken aberzogen wird, dann können Hunde ganz wunderbar damit klarkommen, etwas nicht zu tun, was sie gern tun würden, ohne Wiedergutmachung oder Ablenkung und einfach nur so, weil man es so macht.

IMPULSKONTROLLE VERSUS ABLENKUNG IM ECHTEN LEBEN

Nehmen wir einmal das Anspringen in einer Begrüßungssituation als Beispiel. Hier braucht unser Hund die Information, dass alles andere o. k. ist, nur das Anspringen nicht. Anstatt ihn also in einem Kommando sitzen oder liegen zu lassen oder auf seinen Platz zu schicken, sollten wir lieber versuchen, zu kommunizieren, was genau wir nicht wollen. Das bedeutet, dass er sich ausprobieren muss und Erfahrungen sammeln darf, die ihm verständlich machen, wann er welche Aktion hemmen soll. Hat er das verstanden, kann er willentlich exakt diesen Impuls bremsen.

Wir wiederum kommunizieren so klarer, was wir erwarten und bleiben authentischer, denn wer will schon, dass sein Hund beim Begrüßen angespannt auf der Decke liegt? Was wir eigentlich wollen, ist doch gar nicht das Liegen, sondern nur, dass er uns nicht anspringt. Wir wollen, dass er uns begrüßt, nur eben ohne Krallen auf unserem Oberschenkel und ohne Fußtapsen auf dem Pullover. Dass der Hund nun in seinem Körbchen liegen soll, ist eigentlich eine ziemlich verwirrende Information für ihn. Erstens verlangst du etwas, was du gar nicht wünschst, zweitens ist es eine merkwürdige Reaktion in einer Begrüßung und damit noch schwerer auszuführen, da sie wirklich gegen jedes natürliche Sozialverhalten spricht. Wo wäre es schon normal, zur Begrüßung wegzulaufen und sich hinzulegen? Schwer verständlich für den Hund.

Leicht verständlich wäre es stattdessen, dass er innerhalb der Begrüßung etwas Übergriffiges nicht tun darf, denn das entspricht den bekannten Regeln des Sozialverhaltens und ist für ihn ohne Erklärung nachvollziehbar. Warum machen wir es unseren Hunden so oft so schwer und nutzen ihre Intelligenz nicht dafür, ihnen situativ zu vermitteln, welche Impulse genau sie bremsen sollen? Somit hätten sie viel mehr Freiheiten, am Leben teilzunehmen und bräuchten weniger Kommandos und Absicherung.

Unser anspringender Hund benötigt also einfach eine ganz klare Info: Anspringen ist doof und hat eine negative Konsequenz. Springt man nicht an, ist alles fein.

Impulse stets umzuleiten, fördert reaktives Verhalten immer mehr und mehr.

Man könnte also zum Beispiel seinen Hund freundlich begrüßen, ihn ausschließlich, wenn er hochspringt, ganz sachlich im Fell greifen und mit angespanntem Körper, aber ohne Gemecker, ohne bösen Blick und erst Recht ohne Kommandos festhalten und sich ans Bein drücken, bis er das als unangenehm empfindet, und ihn dann genauso sachlich wieder loslassen, damit er es noch mal probieren und aus Erfahrung lernen kann. Oft geben wir unseren Hunden viel zu wenige Möglichkeiten, sich auszuprobieren und es mehrmals zu versuchen, und erwarten immer sofortige Einsicht nach einmaliger Erfahrung. Aber der Hund muss die Chance haben, die Situation gleichbleibend mehrmals hintereinander erleben zu können, um wirklich zu verstehen, was genau an seinem Verhalten unerwünscht ist und was zu dieser unangenehmen Konsequenz führt. Es da noch mal zu probieren, ist doch schlau und sinnvoll und bedarf der immer wieder gleichen Reaktion des Menschen.

Um Sicherheit und Vertrauen zu empfinden, muss der Hund wissen, was sein Verhalten bei seinem Menschen bewirkt. Er muss Klarheit darüber haben, wie er auf die Situation Einfluss nehmen kann und welcher seiner Impulse die negative Konsequenz auslöst. Unser Hund wird also nicht geschimpft oder mit genervtem Seufzen oder gar Kommandos bedacht, sondern langsam wieder auf dem Boden abgesetzt, bekommt ein paar Sekunden Bedenkzeit in Stille und wird dann wieder freundlich begrüßt und aufgefordert, nah heranzukommen und sich zu freuen. Nur wenn er wieder hochspringt, folgt sofort immer wieder die exakt gleiche Konsequenz mit Geduld und Sachlichkeit.

Es lohnt sich, sich den Schwächen seines Hundes zu stellen, anstatt die Impulse nur umzulenken.

Denn nur, wer sich dem stellt, kann auch etwas ändern, zum Wohl des Hundes!

WER BREMST, GEWINNT

Wer viel Antrieb hat braucht auch gute Bremsen.
Du kannst dir die Impulskontrolle in deinem Hund als Bremse vorstellen. Alles, was er tut, jede Bewegung, jede Aktion, jede Reaktion auf alles, was in seiner Umwelt passiert, kommt an dieser Bremse vorbei. Der Impuls drückt aufs Gas, die Impulskontrolle bremst. Innerhalb von Millisekunden wird entschieden, ob die Aktion gebremst wird oder nicht. Auf die Bremse drücken kann das Gehirn entweder sachte, sodass der Impuls zwar ausgelebt, die Aktion aber langsamer und überlegter stattfindet oder es kommt zu einer Vollbremsung.
Bei ersterem wäre es zum Beispiel in einer Begrüßungssituation so, dass der Hund den Impuls hat, vor Freude an dir hochzuspringen. Dieser Impuls entsteht, ohne darüber nachzudenken, er schießt quasi aus dem Emotionszentrum heraus und gibt den Vorderbeinen den Befehl, hochzuhüpfen. Dann greift aber die Impulskontrolle. Das Stirnhirn, der vordere Teil des Hundegehirns, in dem die bewussten Prozesse der Vernunft gesteuert werden, schaltet sich blitzschnell dazwischen. Aus der gespeicherten Erfahrung wird die Erinnerung gezogen oder der Rückschluss erstellt, dass du es eventuell nicht so witzig finden könntest, wenn der Hund dich anspringt. Und das langfristige Ziel des Hundes, eine fröhliche und friedliche Begrüßung zu erleben, könnte in Gefahr geraten. Das Stirnhirn kann dieses langfristige Ziel als Priorität erkennen und setzt die Bremse ein. Etwas ruckelnd, leicht verzögert und noch mit einem halbherzigen Hüpfer in deine Richtung kommt der Impuls schließlich zum vollständigen Stillstand und der Hund freut sich am Boden. Langfristiges Ziel erreicht, Ausschüttung bestätigender Glückshormone und die Lernerfahrung, sich kontrollieren zu können. Der Hund erlebt Selbstwirksamkeit und wird dadurch sofort in seinem eigenen Kopf mit belohnenden Mechanismen überschüttet. Das mag das Gehirn und merkt sich das Ganze fürs nächste Mal.
Bei mehrfacher Wiederholung geht es dann immer besser mit der Bremse, weil hier die Fähigkeit des Stirnhirns mit den Lernprozessen von Konditionierungslernen und Lernen über Einsicht ineinandergreifen und der Hund ein gutes Gefühl hat, es richtig zu machen. So weit so gut, wenn es denn klappt mit der Impulskontrolle.

AM ANFANG WAR DAS NICHTS

Selbstkontrolle zu beherrschen, braucht Zeit und Wiederholungen – immer und immer wieder. Bis zur Perfektion dauert es Jahre.

Das Wissen um ein Verbot ist nur der Anfang. Wie heißt es so schön: Einsicht ist der erste Schritt zur Besserung, aber eben nur der erste. **Das Erlernen der Selbstkontrolle und das Hemmen von Impulsen geschehen in Phasen.** Diese lassen sich wunderbar beobachten.

Das Spannende ist, dass sich die erforschten Ergebnisse zur Ausbildung der Impulskontrolle auf das situative Lernen übertragen lassen. An Kindern hat man dazu nämlich ausgesprochen niedliche und aufschlussreiche Tests gemacht. Das Erste, was den schlauen Erwachsenen dabei auffiel war, dass Selbstregulation, also Impulskontrolle und Frustrationstoleranz, bei Kindern nicht durch Zauberhand angeboren ist. Während man vorher ernsthaft dachte, die kleinen Knirpse würden sich einfach nur keine Mühe geben, wurde plötzlich klar, dass Kinder nicht so wie Erwachsene ihre Impulse steuern können. Sie sind nicht faul oder gemein, sie wollen ihre Eltern nicht ärgern, nein, es sind einfach nur Kinder, die diese Fähigkeit noch ausprägen müssen. Diese Ausprägung dauert und das Lernen beginnt bereits in ganz früher Kindheit. Eine furchtbare Vorstellung, dass es immer noch Menschen gibt, die denken, dass Säuglinge die Eltern boshaft manipulieren und aus purem Trotz ihre Gefühle nicht kontrollieren, wenn sie in der Kinderkrippe weinen oder wütend sind. Das Entwickeln der Fähigkeiten geht mit dem natürlichen Gehirnaufbau einher.

Es ist ein großer Teil von dem, was wir Erziehung nennen. Ein maßgeblicher Teil der Anleitung zum Selbstständigwerden ist es, zu vermitteln, was nicht o. k. ist, was man nicht tut, was anderen wehtut und was gesellschaftlich unangemessen ist. Kinder und junge Hunde genauso probieren sich munter aus und brauchen Resonanz auf ihre vielfältigen Ideen. Die Erziehenden dürfen sich derweil freuen, dass es Ideen gibt und diese ohne Abwertung der Persönlichkeit mit klaren Regeln und Grenzen und einer riesigen Portion Liebe und Zuneigung in richtige Bahnen lenken. Das Ende vom Lied ist dann bestenfalls ein zufriedenes, erwachsenes Lebewesen, das eine gute Kontrolle über sich selbst hat und sein Leben gestalten kann, ohne in übermäßig viele Konflikte zu geraten.

Schon im **Kindergartenalter** sieht man hier Unterschiede in den Fähigkeiten, die sich auf das ganze Leben auswirken. Menschen mit einer besonders ausgeprägten Stärke an Frustrationstoleranz und Impulskontrolle sind bereits im Kindesalter auffällig bevorzugt und erhalten mehr positive Rückmeldung von der Außenwelt. Als Erwachsene führen sie längere und glücklichere Beziehungen, sind meist in besser bezahlten Berufen, langfristiger im Arbeitsleben etabliert und bezeichnen sich grundsätzlich eher als zufrieden. Ganz schön krass also, was das für Auswirkungen auf ein Leben hat, wenn man sich im Griff hat und mal zurücknehmen kann.

Mit der **Pubertät** verlieren die Bremse und die Frustrationstoleranz an Zugkraft und auf einmal sind vorher vielleicht schon gut angelegte Fähigkeiten wie weggeblasen. Das ist aber nicht wirklich so, sondern liegt am Umbauprozess im Gehirn, der beim Hund genauso wie beim Menschen während der sexuellen Reifung stattfindet. Wir kennen das alle. Pubertät macht impulsiv und wehleidig, emotional und unangepasst in den Reaktionen. Das geht auch wieder vorüber und ist erstmal kein Grund zur Sorge. Bleibt man hier beim Hund dran, dann wird insbesondere in dieser heißen Lebensphase alles angelegt und bestärkt, was mit Selbstregulation zu tun hat. Die Zeit der Pubertät bis zum endgültigen Erwachsenenalter ist DIE Hochphase der Entwicklung für diese Fähigkeiten!

Auch der Welpe kann und soll bereits unbedingt und zwingend lernen und wirklich von Anfang an darin geschult werden, aber in der Pubertät ist es noch vielfach wichtiger, die Grundlagen zu legen und zu festigen, die ansonsten nie mehr in gleicher Weise nachgeholt werden können. Die Welpenzeit ist also nicht die einzige lebenslang wichtige und prägende Phase für Fähigkeiten.

Das Problem beim Üben der Selbstkontrolle in der Pubertät ist die unbefriedigende Sisyphusarbeit, die man zu machen scheint. Es ist, als arbeite man gegen Windmühlen, aber das macht nichts und sollte niemanden entmutigen. Auch wenn man während dieser Jahre denken mag, dass all das Üben, Verbieten und Konfrontieren mit Grenzen den Hund kaum erreichen würde, es lohnt sich! Die Früchte für alle Kämpfe und das Durchsetzen von Regeln in der Pubertät erntet man naturgemäß immer erst am erwachsenen Hund. **Erst wenn diese Gehirnentwicklungs- und Umbauphase abgeschlossen ist, kann der Hund auf all das zurückgreifen, was du ihm in dieser Zeit an Selbstregulationsfähigkeiten beigebracht hast.**

Impulskontrolle einzufordern, ist für Hunde von Anfang an normal.

Ein Welpe kann es noch nicht.

Und er muss es genau deswegen lernen, ...

... um später einfach so mitzulaufen.

Bedenke, dass die Pubertät des Hundes mehrere Jahre dauert. Fälschlicherweise wird immer noch an manchen Ecken behauptet, dass Hunde mit anderthalb Jahren erwachsen seien, dass eine oder zwei Läufigkeiten der Hündin den Abschluss der Pubertät ankündigen würden. Bis der Umbau im Gehirn des Hundes vollständig abgeschlossen ist, können je nach Hund und Rasse etwa drei Jahre ganz locker ins Land gehen. Bleib also geduldig und freu dich auf das Erwachsensein deines Hundes. Erst dann siehst du, ob deine Arbeit sich gelohnt hat. Die auf die Lebensdauer des Hundes gerechnet immer noch kurze Zeit der Pubertät solltest du bewusst nutzen, um hier den Fokus ganz klar auf die Selbstregulationsfähigkeiten zu legen. Hobbys und Dressurkunststückchen sind vielleicht ein nettes Beiwerk, aber wichtig sind hier ganz andere Dinge. Auch wenn das keinen Spaß macht, zur Erziehung gehört es jedoch nun mal dazu, seinen eigenen Spaß hinten anzustellen. Hier ist das Üben von Geduld, der Umgang mit dem Nichtdürfen, mit Verboten das Hauptaugenmerk. Nicht um fies zu sein, sondern für das Ziel danach, denn das ist es dann: Einen supercoolen, entspannten erwachsenen Hund zu haben, dem man kaum noch etwas verbieten muss und der von sich aus einfach unkompliziert ist.
Verbote und Pflichten sind dafür da, sich überflüssig zu machen. Um das zu erreichen, müssen sie aber erstmal klar sein. Wer mit dem Junghund konsequent ist und sehr, sehr viel erwartet und verlangt, in dem Wissen, dass er sich ständig durchsetzen muss, der braucht später genau das nicht mehr zu tun. Arbeite für die Zukunft und setze dafür jetzt die Zeit ein.
Denk mal an deine eigene Pubertät oder die deiner Kinder. Verbote und Diskussionen sind einfach Bestandteile dieser Phase, die nicht wegzudenken sind und wichtige psychologische Funktionen erfüllen. Die Pubertät ist voll von Stress und Reibung.

Das ist normal, gut und richtig und soll und muss nicht vermieden oder verurteilt werden. Die Pubertät deines Hundes bestimmt darüber, wie der Rest eures gemeinsamen Weges aussehen wird und ob aus den jeweiligen Positionen des Erziehenden und des sich Entwickelnden eine ausgewogene Freundschaft erwächst.
Wer in dieser wichtigen Zeit Stress und Streit vermeidet und sich der Auseinandersetzung nicht stellen mag, der wird immer eingreifen und verbieten, vorausschauen und vermeiden müssen. Im Konflikt lernt dein Hund nicht nur, Grenzen zu respektieren und sich anzupassen. Er lernt auch an dir, wie man Grenzen durchsetzen kann. Sei deshalb ein gutes Vorbild und zeige, wie man konsequent handelt, ohne ätzend zu sein, und wie man Verbote durchsetzt, ohne anderen zu schaden. Das sind wichtige Lektionen für das eigene Leben des Hundes.

DIE PHASEN DER IMPULSKONTROLLE

WAS WIR VON WEINENDEN KINDERN, DIE SCHOKOKÜSSE ESSEN, LERNEN KÖNNEN.

Ich schrieb ja bereits, dass es normal ist, dass sich die Fähigkeit der Impulskontrolle in wiederkehrenden Mustern entwickelt. Wer diese Muster kennt, kann genau schauen, wo der Hund im Moment steht und was vielleicht zur Perfektion noch fehlt. Grundlage für die Erklärung bietet uns hier der sogenannte **Marshmallow-Test.** Das ist ein Test an Kindern, den du vielleicht in abgeänderter Form aus der Werbung oder durch Geschichten kennst. Er stammt aus einer großangelegten kanadischen Studie, die sich über Jahrzehnte mit der Frage beschäftigte, was Menschen glücklich macht. Wie oben schon erwähnt: **Eine der Erkenntnisse ist schon lange, dass die Ausprägung der Selbstregulation einer der wichtigsten Bestandteile für empfundenes Lebensglück ist.**
Aber zurück zu den Süßigkeiten und den Kindern. Um zu erkunden, ab welchem Alter Kinder in der Lage sind, einen langfristigen Nutzen aus einem kurzfristigen Verzicht zu erhalten, setzte man kleine Menschen im Kindergarten- bis Einschulungsalter vor einen Tisch mit Süßigkeiten in einem kahlen Versuchsraum, der mit einer Kamera ausgestattet war. Die Kinder wurden mit der Aussage konfrontiert, dass sie, wenn sie das Marshmallow nicht essen würden, bis der Versuchsleitende zurück sei, ein zweites erhalten würden.
Sie sollten also allein warten und dabei das Marshmallow nicht essen. Ein zweites wäre natürlich besser und langfristig ein sinnvolles Ziel. Die Wartezeit war angekündigt und sehr überschaubar kurz. Nun verließ der Erwachsene den Raum und über die Kamera wurde das jeweilige Kind beobachtet. Was dann passierte, war beeindruckend und wiederholte sich zuverlässig. Es ließ sich ziemlich genau anhand des Alters der Kinder voraussagen, wie sie nun wahrscheinlich am ehesten reagieren würden.

Ohne stetiges Üben gibt es keinen Erfolg.

Die erste Gruppe war noch sehr jung. Wie durch die Studie klar wurde, zu jung, um den langfristigen Nutzen beachten oder überhaupt nur in Betracht ziehen zu können. Schneller als ich diesen Satz zu Ende schreiben kann, verschwanden die Marshmallows komplett ungebremst in Kindermündern. Auch danach war nichts von Reue oder Überlegung in ihren Reaktionen zu sehen. Sie konnten einfach nicht anders und es war ihnen egal. Es war lecker, alles war fein und sie kamen nicht auf die Idee, das infrage zu stellen.

Die zweite Gruppe der Kinder war etwas älter, etwas geübter in der Selbstregulation und mit dem grundsätzlichen Abwarten durch Erfahrungen vertrauter. Sie saßen ebenfalls angespannt vor der Süßspeise, zuckten kurz gestresst, schauten hilflos und unglücklich und stopften sich das Marshmallow in den Mund, nicht selten weinend. Ihnen war schon klar, was das bedeutet und dass sie sich gerade selbst die Chancen auf ein zweites dieser Art einfach auffutterten, aber es reichte nicht für eine Hemmung aus. Ihre Bremse glühte und versagte kläglich.

Die dritte Gruppe war erneut etwas älter und geübter und zeigte wieder eine andere, typische Reaktion. Sie schummelten. Sie überlegten etwas weniger gestresst als die Gruppe vor ihnen, aber immer noch in innerem Aufruhr. Allerdings versuchten sie nicht, herauszufinden, wie sie vermeiden könnten, zu essen, oh nein. Sie suchten nach Wegen, sowohl ihre sofortige als auch die zukünftige Belohnung zu bekommen. Sie drehten die Oblate unter dem Marshmallow ab, kratzten die weiße Füllung mit den Fingern heraus oder bohrten Löcher in die Schokoladenschale, um den Zuckerschaum mit dem Mund herauszusaugen und ein Schokogerippe auf dem Tisch stehen zu lassen, das aussah, als wäre es noch komplett, ein Feuerwerk aus kreativem Wissenschaftsbetrug.

Die wiederum nächste und ältere Gruppe an Kindern schaffte es, das Marshmallow stehen zu lassen, musste sich dafür aber sehr krampfhaft auf etwas anderes konzentrieren. Die Kinder starrten auf ihre wippenden Füße, krabbelten unter den Tisch, um von unten gegen die Tischplatte zu schauen, oder drehten sich mit dem Rücken zur Verlockung. Sie wichen dem Reiz aus, mieden den Blickkontakt und konzentrierten sich auf Banalitäten, die ablenken sollten. Immerhin schafften sie es so, zu widerstehen, wenn auch sehr mühsam.

Erst die letzte und älteste Gruppe der Kinder ertrug den Anblick ohne Ablenkung, wartete verhältnismäßig stressfrei und bekam am Ende sehr zufrieden lächelnd das zweite Marshmallow ausgehändigt, das ihnen versprochen worden war.

Das ist spannend und zeigt so viel. Neben der Erkenntnis, dass diese Fähigkeiten lange Zeit brauchen, um vollständig ausgeprägt zu sein, zeigen sich die einzelnen Schritte des Lernens auch in jeder kleinen Situation mit unseren Hunden, in der wir von ihnen verlangen, etwas zu lassen.

EIN BEISPIEL

Nehmen wir hier als Beispiel einen Hund, der an der Leine andere Hunde verbellt. Jedes Mal, wenn ein anderer Hund vorbeigeht, knurrt und bellt er und zerrt an der Leine.

Nun möchte sein Mensch dieses Verhalten nicht mehr. Berechtigterweise nervt es ihn, es ist unnötig und nebenbei überschreitet es die Freiheit anderer Hunde, da diese ertragen müssen, sich ohne ihr Zutun bedrohen und beschimpfen zu lassen. Egal also, was der Auslöser für dieses Verhalten im individuellen Fall sein mag, es ist sehr unhöflich und nicht selten wirklich fies den Hunden gegenüber, die bedroht werden. Der Mensch findet das auch und hat sich vorgenommen, etwas gegen das Leinenpöbeln seines Hundes zu unternehmen. Er möchte die Impulskontrolle des Hundes dafür heranziehen, da er bereits an dem Beispiel mit dem anspringenden Hund gelernt hat, dass es am verständlichsten und normalsten ist, dem Hund das Bellen und Zerren zu verbieten. Ob der Hund sitzt, liegt, läuft oder schnuppert ist ihm egal. Der Hund darf und soll ja machen, was er will, er soll einfach nur nicht bellen.

Das Ziel und die Aussage sind also eindeutig. Der Impuls zu bellen soll unterdrückt werden. Das bedarf der Impulskontrolle. Nebenbei wird der Hund das selbstverständlich nicht freiwillig und auch nicht fröhlich machen, denn er möchte ja bellen. Der Mensch kann sich hier nun erstens auf einiges an Frustration beim Hund gefasst machen, denn dessen Erwartung und Bedürfnis werden gleich nicht erfüllt werden. Da Bellen selbstbelohnend ist, wäre es für den Hund angenehm und sinnvoll, es zu tun, denn die Belohnung dafür findet bereits ohne den Menschen im Gehirn des Hundes durch die passenden Ausschüttungen statt. Zweitens darf der Mensch hier schon wissen, dass der Hund nicht freudig strahlend über ein Verbot sein wird, sondern stattdessen Missmut ausstrahlen könnte. Er wird ein Gesicht machen, das man eben macht, wenn einem etwas verboten wird, das Spaß macht. Das wiederum wird die Frustrationstoleranz des Menschen fordern, der seinen Hund selbstverständlich lieber fröhlich sieht und dessen Bedürfnis nicht erfüllt werden wird, dass der Hund sich dankbar und glücklich für gutes Benehmen entscheidet.

Und dann braucht der Mensch auch noch seine eigene Impulskontrolle, um nicht zu reden, nicht in jede Sekunde der kurzen Überlegung hinein zu loben oder missverständliche Signale zu senden. Er möchte ja Ruhe und Gelassenheit ausstrahlen und vorleben, dass Bellen verboten, alles andere ganz normal und selbstverständlich und auch ansonsten gar nichts los ist.

Der Mensch hat sich vorher im Hundetraining bei einem Profi eine passende Unterbrechungsmethode für seinen Hund beibringen lassen, eine gezielte Konsequenz, die als unangenehm genug vom Hund wahrgenommen wird, dass sie den Spaß des Bellens aufwiegt, und gleichzeitig nicht so negativ, dass sie den Hund überfordert: Der fremde Hund kommt ins Sichtfeld, unser Hund hebt den Kopf und atmet tief ein, um laut losbellen zu können. Der Mensch wartet gar nicht bis zur Eskalation, sondern unterbindet klar und konsequent den ersten kleinen Gedanken an das Verhalten. Er benutzt seine Methode deutlich, direkt und selbstbewusst, bleibt dabei gelassen und langsam und schaut, ob der Hund sie verstanden hat. Nimmt der Hund sich zusammen und hört mit dem tiefen Einatmen und Anstarren des anderen Hundes auf, geht der Mensch ganz entspannt weiter, als sei nichts los. Kommt der Gedanke an das Bellen wieder auf, wiederholt sich das Spielchen. Ansonsten passiert nichts.

Der andere Hund ist vorbei, alles ist still, unser Hund überlegt. Der Mensch ist schlau und macht nun nichts, außer ganz normal weiterzugehen und den Hund in Ruhe denken zu lassen. So viel dazu.

DIE PARALLELEN ZUM MARSHMALLOW-TEST

Das Wichtigste an dieser Geschichte ist nun nicht die Frage, welche Wundermethode der Mensch angewendet haben könnte. Das Spannendste, was du an unserem Beispiel beobachten kannst, ist der **Lernprozess**, der nun bei unserem Hund zu sehen ist. Dieser durchläuft nämlich die gleichen Phasen wie die Kinder in ihrer Entwicklung bei dem Marshmallow-Test: Nichtkönnen – Verstehen – Schummeln – Meiden – Können.

Im **ersten Schritt** kann der Hund nicht anders. Er bellt, hat kein Verständnis dafür, es zu lassen, und taucht in seine laute Welt ab, ohne an die Folgen zu denken. So wie das Kind, das die Süßigkeit einfach isst.
Nach der Belehrung des Menschen kommt der Hund in die **zweite Phase**. Er bellt, weiß aber, dass er es eigentlich lassen sollte, kann es aber nicht. Er springt hin und her, ist maximal aufgeregt und gestresst, hält kurz inne, um dann doch wieder zu bellen. Der Mensch sieht in dieser Phase leider oft ähnlich aus. Anstatt den Hund zu stützen, wechselt er wild zwischen Schimpfen und Zuppeln, dann wieder Ablenken und Loben und einer Flut aus verwirrenden Informationen. Aber selbst, wenn er das nicht tut, ist diese Phase ein normaler Entwicklungsschritt.
Bleibt der Mensch aber dran und verhält sich verständlich, dann folgt das **Schummeln**. Der Hund geht an dem anderen Hund vorbei, um dann im letzten Moment nach hinten zu springen und dem Menschen den Arm auf den Rücken zu drehen. Er tut, als würde er schnuppern und während der Mensch schon den Party-Hut herauskramt, weil er glaubt, es geschafft zu haben, springt der Hund überraschend doch noch in die Leine und reißt seinen Menschen fast um.
Eine weitere, sehr verbreitete Schummelmethode der Hunde ist es auch, einfach das Mitgehen zu verweigern. Sie legen sich platt auf den Boden, beschäftigen ihren Menschen mit dem ungefragten Abspulen aller Dressurkunststücke hintereinander oder springen ihn an, um ihn in ein anderes Problem zu verwickeln.
Weiß der Mensch Bescheid und lässt sich davon nicht beirren, kommt die **nächste Phase**. Es wird weiterhin konsequent verboten, das Schummeln führt nicht zum Ziel, im Gegenteil, es führt nur zum Auslösen der bekannten Reaktion. Also weiter in der Lernkurve Richtung Erfolg.
Der Hund beginnt nun mit dem **Vermeiden der Situation**. Anstatt sich anders benehmen zu müssen, will er einfach raus aus der Nummer und spielt nicht mehr mit. Er schaut gezielt weg und ist ziemlich ange-

01

01 Abwenden und die Situation meiden

02 Immer wieder einzelne Blicke aushalten

03 Hinlegen, um sich selbst zu beruhigen

02

spannt. Er starrt auf den Fußboden oder will umdrehen und einen anderen Weg gehen. Insbesondere in dieser Phase des Lernens brechen die meisten Menschen ab und gehen wieder zum Anfang aller Phasen zurück. Stattdessen weiß unser Beispielmensch aber um das Phänomen und geht weiter. Bellen ist verboten, Schummeln genauso und auch das Ausweichen ist maximal auf die andere Seite des Menschen erlaubt. Der Hund muss aber weitergehen und an dem anderen Hund vorbei, ohne sein altes und bekanntes Muster abzuspielen.
Erst danach kann die letzte Phase eintreten. Diese bedeutet dann, an anderen Hunden vorbeizugehen, entspannt und locker zu bleiben und keinen Stress mehr zu haben, konsequent still zu sein und trotzdem weiterzugehen.
Werden Phasen übergangen oder nicht akzeptiert, dann springt der Hund ständig darin hin und her. Es ist ein andauernder Kampf, läuft mal ganz o. k., dann wieder furchtbar. Das liegt aber sehr, sehr selten an der mangelnden Fähigkeit oder Möglichkeit des Hundes, sondern daran, dass die Menschen ihm nicht die Gelegenheit bieten, diese ganz normalen Phasen bis zum Ende zu durchleben und stets vorher ihr eigenes Werk zunichte machen.
Wird aber genau geschaut, in welcher Phase des Lernens der Hund gerade ist, dann kann man sich ausrechnen, wie weit man vom Ideal entfernt ist und was noch passieren muss. Das entlastet und gibt Mut, weiterzumachen.
Erst nachdem alle Phasen vollständig durchlaufen sind und der Hund zuverlässig keinen Ansatz mehr zeigt, bellen zu wollen, nicht mehr schummelt und keine Tendenz mehr hat, die Situation umgehen zu wollen, ist es sinnvoll und hilfreich, nach der gut gelaufenen Begegnung **ein ruhiges Lob** einzubauen, den Abstand zu verringern, den Erzfeind zu treffen oder andere Zusatzinformationen einzubringen. Erst jetzt kann der Hund verstehen, dass er es richtig macht und ein Lob so zuordnen, dass er überhaupt versteht, worum es dabei geht. Wie lange es dauert, dahin zu gelangen, ist individuell.

03

Arbeitest du mit einem Profi zusammen, dann wird es mit einer gründlichen Anamnese und einem Erstgespräch beginnen. Danach machst du dich ans Üben mit Stellvertreterkonflikten und Änderungen im Alltag. Dazu gehört auch immer eine Analyse und Arbeit an der Beziehungsstruktur zwischen Mensch und Hund. Erst wenn das getan ist und Wirkung zeigt, folgt die Arbeit in der Konfliktsituation selbst. Hier sollte das Durchlaufen aller oben beschriebenen Phasen in einem Zeitraum zwischen einer Stunde und bis zu ein paar Tagen geschafft und etabliert sein, vorausgesetzt, es wird sauber trainiert und die Vorarbeit war ausreichend.

Mehrere Monate oder sogar Jahre intensiv an einer Leinenaggression herumerziehen zu müssen, ist ausgesprochen ungewöhnlich und sollte einem dringend zu denken geben, ob die gewählte Methode sinnvoll ist. Das Verbieten eines einzelnen Impulses in einer abgegrenzten Situation ist etwas, das für gewöhnlich sehr schnell herstellbar sein sollte und nach kurzer Zeit das Eingreifen des Menschen unnötig macht. Das Ziel einer sinnvollen Strafe ist immer, dass sie nicht lebenslang angewendet werden muss, sondern zu einer langfristigen Veränderung im Verhalten des Hundes führt. Danach kann es auch dazu kommen, dass der Hund die Situation anders bewertet, seine persönliche Einstellung ändert und das Verhalten zu seinem eigenen macht.

Dieses Übernehmen aufgezwungener Regeln zu eigenen Überzeugungen nennt sich Erziehung. Und Erziehung ist dafür da, den Hund anzuleiten, so schnell wie möglich eigenständig sinnvolle Entscheidungen zu treffen, sich angepasst zu verhalten und so wenig wie möglich vom Menschen in jedem einzelnen Moment diszipliniert werden zu müssen, wenn der Hund erwachsen ist. Genauso wie du als Kind gelernt hast, dass man die Sachen anderer Menschen nicht einfach nehmen darf und man es dir erst verbieten musste, ohne dass du den Sinn darin verstehen konntest. Mit der Zeit wurde diese Regel so sehr zu deiner Überzeugung, dass du heute auch ohne die permanente Androhung von Strafen gar nicht stehlen willst. Das Verbot hat dein Sozialverhalten beeinflusst und grundsätzliche Einstellungen in dir verändert. Wenn das passiert ist, dann hat die Erziehung so bei dir gewirkt, wie sie sollte. Wenn du auch heute noch ausschließlich dann nicht stiehlst, wenn du weißt, dass du erwischt und bestraft werden könntest, dann hast du die Einstellung nicht übernommen.

Das kann bei Hunden ebenfalls vorkommen. Wenn das Bedürfnis zu bellen so hoch ist, dass der Hund es immer lieber machen würde, oder wenn er schon so alt ist, dass der Prozess der Persönlichkeitsentwicklung bereits abgeschlossen ist. Das ist vielleicht ein bisschen schade, aber trotzdem gut kontrollierbar. Dann muss der Hund eben lebenslang für ein paar Sekunden seinen bleibenden Impuls zu bellen unterdrücken, weil du es so verlangst. Genau wie der stehlende Mensch nur deswegen nicht stiehlt, weil er nicht ins Gefängnis will. Auch das funktioniert am Ende und es ist völlig o. k. sich ab und an gegen seine Ideen entscheiden zu müssen, selbst als Erwachsener. Der Charakter bleibt eben und sollte auch beim Hund Anerkennung finden dürfen, als das, was er ist.

Das Verhalten kurzzeitig herunterzuschlucken ist nicht schlimm. Diesen Teil muss er dann uns zuliebe erfüllen. Dafür sind wir verpflichtet, ihn eben als den Hund zu akzeptieren, der keine anderen Hunde mag und der trotzdem o. k. ist, wie er ist.

Anstatt die Gefühle unserer Hunde ständig beeinflussen und manipulieren zu wollen, sollten wir mehr darauf pochen, dass sie situativ ein bestimmtes Verhalten zeigen oder lassen, und sie mehr in ihrem individuellen Charakter tolerieren und schätzen.

Impulskontrolle macht den Hund zum angenehmen Begleiter.

ÜBERSCHNEIDUNG MIT BELOHNUNGSAUFSCHUB

Alles greift ineinander und gehört irgendwie zusammen. Impulskontrolle, Frustrationstoleranz und Belohnungsaufschub bilden gemeinsam die Selbstregulation.

Frustrationstoleranz bedeutet, sich nicht so schnell stören zu lassen, wenn es mal nicht so läuft, wie erwünscht. Impulskontrolle bedeutet, sich zurückzunehmen und ein Verhalten aktiv zu unterdrücken, weil es angebrachter ist, etwas zu lassen. Belohnungsaufschub ist die Fähigkeit, geduldig abzuwarten, bis man bekommt, was man wollte. Wer kurz abwartet, zum Beispiel vor dem Fressen, der kontrolliert gleichzeitig seine Impulse. Belohnungsaufschub und Impulskontrolle überschneiden sich also oft.
Sich zurücknehmen und nicht tun, was man gern möchte, kann wiederum Frust auslösen und je höher der aktuelle Frust ist, desto schwieriger ist es, seine Impulse zu kontrollieren. Alles arbeitet miteinander und doch sind es drei verschiedene Fähigkeiten. Sie wollen einzeln gefördert werden, um in ihrer ganzen Komplexität zu wirken. Und schon stecken wir richtig tief drin im Thema, denn du hast schon gemerkt, dass es zu Überschneidungen der Fähigkeiten kommt.
Kann der Hund seine Impulse schlecht kontrollieren, wird er in seiner Frustration laut und unruhig sein. Ist er schnell frustriert, hat er automatisch seine Impulse schlechter unter Kontrolle, da maulig zu sein einfach dünnhäutig und reaktiv macht. Dass ein Hund von einer Übung genervt wird, ist seiner fehlende Frustrationstoleranz geschuldet. Wie stark er in seinem Ärger bellt, fiept, springt und beißt ist eine Frage seiner Impulskontrolle. Beides kann unabhängig voneinander gut oder schlecht sein. Ein Hund kann also eine großartige Frustrationstoleranz, aber eine sehr schlechte Impulskontrolle haben und auch umgekehrt.

NETT GEMEINT IST NICHT NETT

Es gibt einen Unterschied zwischen Hunden, die es zwar nett meinen, aber unhöflich sind, und Hunden, die sich von sich aus höflich verhalten.

Die Erfahrung hat gezeigt, dass die meisten Hunde im Bereich Impulskontrolle den größten Nachholbedarf haben. Um diese zu üben, braucht es die Fähigkeit des Menschen, sich klar zu positionieren und angepasst Grenzen zu setzen, die ein Verbot vermitteln.

Nur wer sich benehmen kann, ...

... kann Freiheiten genießen.

Wer nicht weiß, wie man Hemmung verständlich und glaubhaft durchsetzt und Impulskontrolle des Hundes einfordert, der kann sich bei einem gut ausgebildeten Profi Hilfe holen. Versierte Hundetrainer*innen sollten genau wissen, wie sie situativ Grenzen vermitteln können, ohne aus einem „Nein" ein „Ja" zu drehen und ohne unangemessen und unfair dem Hund gegenüber zu werden. Wer nur mit Ablenkungen punkten kann, schließt 50 Prozent der möglichen Lerninhalte der Erziehung aus. Das Resultat des eingeschränkten Arbeitens mit Hunden, geht auf Kosten des Hundes. Dieser kann dann eben auch nur 50 Prozent seiner möglichen Fähigkeiten zeigen. Das Resultat sind immer strengere Hundegesetze, Auflagen und Verbote, volle Tierheime mit „aus dem Ruder gelaufenen, haarigen Erziehungsprojekten". Dem Hund nichts zu verbieten, mag eine ideologische Einstellung sein, entbehrt aber wissenschaftlicher Begründungen. Würden wir mehr Wert darauf legen, dass unsere Hunde sich höflich verhalten, dann müssten wir nicht so zwanghaft hoffen, dass sie nie Aggressionsverhalten oder Angst zeigen würden.

Wir tun so viel dafür, dass unsere Hunde glücklich sind. Es ist schön, dass so viele Hunde fröhlich sind und es nett meinen, während sie sich unhöflich benehmen. Was wir nun brauchen, sind mehr Hunde, die es nicht bloß nett meinen, sondern die sich auch so verhalten. Und da kommt die Impulskontrolle ins Spiel. Hat der Hund sie, kann er sich frei bewegen, weil man ihm vertrauen kann.

☞ TEST DER IMPULSKONTROLLE

Impulskontrolle übt man immer, wenn man etwas verbietet, was der Hund gerade tun möchte.
Wenn du zum Ausprobieren mal ein Würstchen auf den Boden legst und deinen Hund davon abhältst, es zu nehmen, dann übst du Impulskontrolle. Aber nun kommt die Schwierigkeit: Hier muss der Hund wirklich eine Entscheidung treffen. Es reicht also nicht, ihn mit der Hand wegzuschieben und sich vor das Würstchen zu stellen, sodass er nicht rankommt. Es ist auch nicht damit getan, ihm ein Kommando zu geben, das ihn einfach an Ort und Stelle hält. Also kein „Sitz und Bleib!"
Da wird es nun schon schwieriger. Sorge dafür, dass dein Hund alles machen kann, was er will, und nur nicht das Würstchen nimmt. Er darf sich bewegen, setzen, hinlegen oder weggehen. Er bekommt keine Vorgabe, was er tun soll, nur die Vorgabe was er NICHT tun soll, nämlich das Würstchen fressen. Dabei solltest du dich bis zu vier Meter wegbewegen können, ohne mit drohender Miene und erhobenem Zeigefinger daran erinnern zu müssen. Am Ende solltest du dich frei bewegen, dich umdrehen und unterhalten können, ohne dich darum kümmern zu müssen, was dein Hund tut, und trotzdem sicher sein, dass er das Würstchen nicht nimmt, obwohl es erreichbar für ihn wäre. Egal wo es anfängt, am Ende sollte stehen, dass der Hund sich bewusst gegen eine Handlung entscheidet, ohne unter andauerndem Druck zu stehen, ohne abgelenkt zu werden und ohne durch eine Alternativhandlung oder ein Kommando physisch abgehalten zu werden. Dein Hund soll eine Entscheidung treffen. Und hier kannst du loslegen. Probiere dich aus.
Wie viel Möglichkeiten fallen dir ein? Nutze deine Stimme, deinen Körper, deine Hände. Fange so an, wie es eben geht, und versuche dich daran, dich durchzusetzen. Schau, was es braucht und wie du dich verständlich machen kannst. Was verboten ist, ist jede Form von Gewalt, wie Schreien, Schlagen und Treten oder dem Hund auf andere Art wehzutun.

REFLEXION

Was hat sich bei der Übung ergeben? Kommst du klar, oder brauchst du noch Unterstützung für Methoden? Konntest du deinem Hund vermitteln, dass er das Würstchen nicht nehmen darf, obwohl er es hätte tun können? Fühlst du dich gut mit der Methode, die du verwendet hast? Oft braucht es keine vielen Techniken und Methoden. Es reicht, wenn du drei davon hast, die jeweils auf Entfernung, in direkter Nähe und bei größerer Ablenkung von deinem Hund wahrgenommen und ernstgenommen werden. Welche das sind, ist sehr individuell und richtet sich nach deinem Hund. Sie sind nicht in einem Buch zu vermitteln. Auch bei der genauen Anwendung und Umsetzung solltest du dich coachen lassen.

Hunde können lernen, Dinge zu lassen, auch wenn sie Spaß machen.

ÜBUNGEN ZUM STÄRKEN DER IMPULSKONTROLLE

Hier braucht es Anreize von außen – entweder eine Grenzsetzung oder keinen Erfolg bei dem Versuch zum Ziel zu kommen.

NICHT AUS DEM AUTO RAUSSPRINGEN, WENN SICH DIE TÜR ÖFFNET

Erst ohne Ablenkung, dann mit Ablenkungen wie: andere Hunde, die draußen herumlaufen, Futter auf dem Boden oder sonstige Verlockungen.

— Der Mensch sollte darauf hinarbeiten, dass er keine Kommandos geben muss, damit der Hund im Auto bleibt, sondern nur eines zum Herausspringen. So vermeidet man ein ständig mahnendes Konzert aus „Bleib! Bleib! Bleib!" und kann sich jederzeit vom Auto entfernen, ohne mit erhobenem Zeigefinder und starrem Blick den Hund zu fixieren und ihm den Weg zu versperren.

Sicherheit am Auto ist immer eine Übung wert.

Hier wird der Hund einfach nicht zum Ziel gelassen.

- Das Ziel sollte sein, dass der Hund ohne Ansprache grundsätzlich im Auto bleibt, bis er herausgebeten wird. Der Mensch soll sich dabei natürlich bewegen und um das Auto herumgehen können.
- Erreichen kann man das durch ein kommentarloses und schnelles Reagieren, sobald auch nur eine Pfote auf den Plastikrand der Kofferraumplatte tritt. Welche Methode man dazu wählt, ist abhängig vom Hund. Am Ende muss es etwas sein, was unterbrechend wirkt, angemessen ist und ohne zu sprechen ausgeführt werden kann. Es kommt immer und zuverlässig dann, wenn der Hund den Kofferraum selbstständig verlässt.
- Bei vielen Hunden reicht es, sie dabei ohne zu sprechen und ohne Blickkontakt mit der Hand zurückzuschieben, dann wieder den Arm zu senken oder sich umzudrehen und nicht in einer lauernden Position zu verharren.
- Der Schwierigkeitsgrad wird langsam gesteigert und der Mensch steht zuerst direkt vor dem Kofferraum, dreht sich dann weg, geht erst einen und später mehrere Schritte vom Kofferraum weg. Arbeite immer bei allen Übungen erst mit der leichtesten Ablenkung und mache es nur schwerer, wenn du einhundertprozentig sicher bist, dass du die Impulskontrolle durchsetzen kannst. Es geht ums Prinzip, nicht darum, möglichst viel auf einmal zu erreichen! Halte es für deinen Hund so einfach wie möglich!

EINEN RAUM FÜR SICH BEANSPRUCHEN

Das Gute an dieser Übung ist, dass du gleichzeitig Impulskontrolle und Frustrationstoleranz übst. Du brauchst dafür einen Raum, den du für dich haben möchtest. Das kann zum Beispiel die Küche sein, während du kochst. Du vertreibst den Hund jedes Mal, wenn er auch nur eine Kralle über die Schwelle setzt, indem du dich „aufplusterst" und ihn ein Stück herausscheuchst. Was das bedeutet, ist von Hund zu Hund anders und du musst bestimmen, was für deinen Hund nötig ist! Bei vielen Hunden reicht es, sie kommentarlos mit der flachen Hand an der Brust hinauszuschieben. Manch einer geht bei einem strengen Blick und einer Gewichtsverlagerung in seine Richtung schon raus. Und wieder ein anderer braucht es, dass du mit etwas Schwung und einem Klatschen in

Zum Anspringen verleiten

Der Mensch greift in den Muskelmantel, …

die Hände einen Schritt auf ihn zu machst. Es kann bei hektischen Hunden helfen, eine Hausleine am Hund zu befestigen, an der du ihn einfach jedes Mal still wieder Richtung Ausgang „zuppelst", sodass es etwas ungemütlich für ihn ist. Finde das, was du gut umsetzen kannst und was dein Hund gut versteht. Das einzig Wichtige ist, dass du, egal was du tust, nicht sprichst und souverän und sachlich bleibst. Sobald dein Hund aus der Küche raus ist, drehst du dich wieder weg und kommentierst weder mit Handzeichen, noch mit der Stimme die Situation. Wenn du das easy schaffst und dein Hund gar nicht mehr in die Küche möchte, dann rühre dort einfach mal sein Futter an, um die Schwierigkeit zu steigern.
Erst wenn dein Hund es komplett aufgegeben hat, zu versuchen in die Küche zu gehen, und du dich frei dort bewegen kannst, ohne immer zu schauen, nimmst du das Futter wieder weg (es soll ja kein Belohnungsaufschub geübt werden, das Bedürfnis wird also nicht erfüllt!) und stellst es in den Kühlschrank für morgen, wenn er nicht damit rechnet. Du kannst ihn am nächsten Tag wieder in die Küche lassen. Entweder lässt du ihn einfach selbst herausfinden, dass du heute anscheinend nichts mehr dagegen hast, oder du rufst ihn dort einmal zu dir und nimmst ihn liebevoll in Empfang.

NICHT HOCHSPRINGEN, OBWOHL JEMAND FUTTER HAT

Unterbreche mit einer passenden Maßnahme, sobald dein Hund hochspringt, während deine Hilfsperson mit einer knisternden Tüte Leckerchen versucht, ihn genau dazu zu bringen. Wie immer bedeutet das, dass du nicht redest, nicht schimpfst oder andere Drohgeräusche vorweg machen sollst. Und dass du niemals lobst, nachdem du ein Verhalten unterbinden musstest. Aufzuhören, nachdem es Ärger gab, ist nicht fein! Sei hier achtsam mit den Informationen, die du deinem Hund gibst, um ihm nicht aus Versehen das Lernen zu erschweren. **Die Möglichkeiten deiner Reaktion sind vielfältig und müssen für deinen Hund passend und altersangemessen sein.** Du kannst ihn einfach mit der flachen Hand wieder runter drücken, in seinen Muskelmantel greifen und ihn langsam und sachlich nach unten befördern oder auch mit einer kleinen Hausleine arbeiten, mit der du ihn direkt beim Hochspringen wieder nach unten „zuppelst". Für das Lernen ist es wichtig, so eine Situation bewusst herzustellen. So sind alle Mitwirkenden eingeweiht und du kannst die exakt selbe Situa-

... zieht den Hund ruhig zurück ...

... und hält ihn kurz statisch, ohne zu sprechen.

Erst danach wieder erneutes Locken, ...

... der Hund hat gelernt und bekommt ein Lob.

tion mehrfach wiederholen. Das schafft die besten Voraussetzungen für deinen Hund, um zu begreifen. Leite dabei an, dass immer alles schön ruhig hintereinander stattfindet, einmal kurz gelockt wird, gewartet, ob der Hund springt, dann unterbrochen, gewartet, ob der Hund es verstanden hat und dann erst weiter gelockt wird. Also bitte kein wildes Herumspringen und Gezappel, ohne dem Hund die Möglichkeit zu geben, genau zu erkennen, dass diese eine Aktion seinerseits immer dieselbe Reaktion deinerseits auslöst. Immer erst dann, wenn es ganz leicht war und gut funktioniert, wird die Schwierigkeit erhöht. Natürlich gibt es hier am Ende auch nicht die Leckereien aus der Knistertüte, damit du sowohl an der Impulskontrolle (nicht anspringen) als auch an der Frustrationstoleranz (ich möchte etwas haben, bekomme es aber nicht) arbeiten kannst.

NICHT LOSLAUFEN, UM ZU ANDEREN HUNDEN ZU RENNEN

Lasse deinen Hund dafür angeleint, halte die Leine aber so locker, dass sie nur eine Absicherung darstellt, falls der Hund dir „durchflutscht". Stell her, dass er nicht in die ungewünschte Richtung zieht, indem du

Einfach hinzurennen ist schlecht.

Das fällt Schnipsel auch ein.

ihn mit der flachen Hand an der Brust beherzt zurückholst. Teste dich aus, wie du dich sachlich und verständlich durchsetzen kannst, ohne zu schimpfen und ohne Kommandos zu geben. Lasse die Leine locker, aber nicht lang, nur so, dass kein Druck auf dem Halsband ist.

Warte, bis dein Hund einen Schritt vorwärts macht und schiebe ihn dann konsequent und ohne ihm viel Beachtung zu schenken mit den Händen zurück. Die Leine sollte dabei nur eine Absicherung sein und keinen Zug ausüben. Deine Korrektur kommt durch deine Hände, nicht durch die Leine.

Lasse den Ablenkungshund erst einmal weit weg sein und stehenbleiben und probiere dich aus. Vermeide jedes unnötige Wort, jeden unnötigen Schritt und jedes unnötige Gefummel an der Leine oder dem Hund. Weniger ist immer mehr, wenn sich der Hund konzentrieren soll.

Stell dich nach vorn, geradeaus ausgerichtet und bleibe, wenn möglich, genau so stehen, ohne deine Füße zu bewegen. Deinen Ablenkungshund kannst du nun Schritt für Schritt näherkommen lassen, bis ihr voreinander steht. Jeder Schritt deines Hundes wird stoisch und still von dir durch Schieben des Hundes korrigiert und dann kurz abgewartet. Erst wenn dein Hund ohne dein Eingreifen neben dir stehenbleibt, kommt der andere Hund wieder etwas näher.

WEITERE ÜBUNGEN

— Hundekekse auf die Beine des liegenden Hundes drapieren und sie nicht nehmen lassen.

— Nicht an der Leine ziehen dürfen, auch nicht bei Ablenkung.

— Nicht an einer bestimmten Stelle schnuppern dürfen, an der der Hund unbedingt schnuppern möchte.

— Auf einer wichtigen Wegstrecke nicht markieren dürfen.

— Haustür weit öffnen und durchgehen, während der Hund nicht durch die Tür treten darf.

— Nicht zu einem lockenden Menschen hingehen dürfen.

— Nicht in den Kofferraum rein springen ohne explizite Aufforderung.

— Auf dem Platz liegen bleiben müssen, während sich andere bewegen.

— Sitzenbleiben, während andere Hunde neben einem abgeleint und frei gegeben werden.

— Stop and Go (Hund warten lassen, ein paar Schritte weitergehen lassen und wieder warten lassen im Wechsel).

— Hund etwas hinhalten, das er nicht ins Maul nehmen darf.

— Hund langsam bei Fuß gehen lassen, während man sich auf jemanden zubewegt, zu dem er sehr gern schnell hin möchte.

Der „Anraunzer" folgt wie erwartet.

Und Schnipsel zieht sich zurück.

— Futter in den Fingern hinhalten und sofort wegziehen, wenn der Hund unvorsichtig ist und in die Finger kneift.
— Mit dem Hund rangeln und toben und das Spiel sofort beenden, wenn er zu grob wird.

Du merkst schon, dass hier fast überall das Wort „nicht" vorkommt. Hier geht es also immer um eine angepasste Unterbrechung des unerwünschten Verhaltens. Im Gegensatz zu den Frustrationstoleranzübungen kannst du den Hund später das bekommen lassen, was er wollte, wenn er vorher aufgehört hat, es sich einfach zu nehmen oder es einfach zu machen. Dann übst du Impulskontrolle und Belohnungsaufschub.
Du kannst die Impulskontrollübungen auch mit Frustrationstoleranzübungen verbinden. Dann würdest du zum Beispiel die Kekse

Lernen geht immer und überall.

01

02

03

auf die Beine deines Hundes legen und sie danach wieder abräumen und wegpacken. Dein Hund ginge also leer aus. So hättest du beide Fähigkeiten in einer einzigen Übung kombiniert.
Das ist besonders praktisch und effektiv. Der Hund darf dann also nicht zu anderen Hunden rennen und nachdem du das durchgesetzt hast und er brav neben dir steht, geht ihr wieder nach Hause. Wenn er im Kofferraum gewartet hat, ohne dass du davorstehst und eine Mauer bildest, schließt du den Kofferraum und ihr fahrt wieder weg. Das Prinzip kannst du auf alle Übungen übertragen und natürlich kannst du es mal so und mal so machen.
Wichtig ist, dass du verstehst, wo der Unterschied zwischen Belohnungsaufschub und Frustrationstoleranz liegt und wieso ein Umlenken auf einen anderen Reiz keine Impulskontrolle schult.
Solltest du das nicht so ganz verstanden haben, bevor es mit den Praxisübungen los geht, dann lies den Erklärungsteil bitte noch einmal. Denn wenn dir das nicht klar ist, dann kann alles, was du tust, völlig am Thema vorbei sein und im schlimmsten Fall sogar das Gegenteil von dem trainieren, was du erreichen wolltest. Hier muss man wirklich pingelig genau die Unterschiede kennen und sehen. Wenn das klar ist, kannst du überall im Leben üben und Übungen finden, die sich aus dem Alltag ergeben und keine zusätzliche Zeit brauchen, um etwas zu trainieren. Frustrationstoleranz darf dabei immer bevorzugt vor Belohnungsaufschub geübt werden.

01 – 03
Frustrationstoleranz und Impulskontrolle in einem. Der Hund trifft die Entscheidung und ist frustriert.

Schnuppern: ja, fressen: nein! Ganz schön schwierig!

☞ ALLGEMEINE REGELN FÜR DIE ÜBUNGEN

Achte beim Üben darauf, dass du nicht immer nur Impulskontrolle mit Belohnungsaufschub übst, sondern vor allem mit Frustrationstoleranz.

Wenn du also etwas verbietest, dann lasse es bei dem Verbot und nutze die Übung doppelt. Du kannst Impulskontrolle mehrmals täglich einfordern und solltest das auch beim Welpen schon unbedingt altersgerecht durchgesetzt machen. Nutze hier alles, was das echte Leben dir an Möglichkeiten schenkt, aus.

Impulskontrolle darf gern oft eingefordert werden. Beim Anziehen des Halsbandes darfst du darauf bestehen, dass dein Hund stillsteht, beim Rausgehen, dass er langsam neben dir läuft und nicht zieht. Beim Rausgehen kannst du durchsetzen, dass er nicht an die Hecken den Nachbarn pinkelt, sondern wartet bis ihr auf eurer Wiese oder dem Waldweg seid. Kommen Hunde oder Menschen, erwartest du, dass er nicht zieht oder bellt und wenn er mal muss, darf er dich nicht ins Gebüsch zerren.

Euer ganzer Tag bietet hier Möglichkeiten, Impulskontrolle zu verlangen. Du wirst sehen, dass sich das auf alles auswirkt, was du vielleicht als Problem wahrnimmst. Bestehst du in den Kleinigkeiten des Alltags immer wieder auf Impulskontrolle, dann lösen sich viele echte Probleme in Luft auf. Sei also gern pingelig und lasse es zur Normalität werden, dass du von deinem Hund viel erwartest. Bleibst du hier von Anfang an dran, dann wirst du beim erwachsenen Hund kaum noch etwas machen müssen und kannst ihm sehr viel Freiheit gönnen. Finde eine gute Balance aus Verpflichtungen und Freiheiten, damit beides zum Hundeleben dazu gehört. Den Hund „Hund sein lassen" tust du übrigens genau so! Es ist auch für Hunde normal und gehört zu ihrem natürlichen Umgang, sich gegenseitig einzuschränken und mit Verpflichtungen zu belegen. Ein Hund, der sich immer wieder hemmen und anpassen muss, ist also ein Hund, der ganz Hund ist und ganz hundetypische Dinge tun darf.

Alles, was geht, einfach machen zu dürfen und sich so selten wie möglich zu hemmen, ist dagegen das Gegenteil vom „Hund sein", denn so würde es im natürlichen Zusammenleben unter Hunden nicht vorkommen und macht den Hund auch nicht glücklicher, sondern wie oben bereits erklärt eher unsicher und unselbstständig.

DIE VERBINDUNG ALLER FÄHIGKEITEN ZUM GROSSEN GANZEN

LEONIE

Mit der richtigen Information lernen Welpen blitzschnell, was sie dürfen.

UND JETZT ALLE!

Und jetzt „nehmen" wir diese Dinge noch einmal „auseinander". Alle drei sollten zum ganz normalen Alltag dazugehören.

Unser Beispielhund ist angebunden und ein Knochen liegt vor ihm in unerreichbarer Nähe. Er will ihn haben, bellt und fiept und versucht frustriert hinzukommen. Frust ist ein Gefühl und Gefühle kann man nicht bewusst verändern. Da muss er also durch. Weder du noch er können darauf gewollt einwirken. Aber über die Wiederholung wird dieses Gefühl immer weniger, der Hund wird sozusagen resistenter.
Was du und auch dein Hund bewusst ansteuern könnt, ist seine Impulskontrolle. Denn das Bellen ist ein Impuls und wird von der Impulskontrolle gesteuert. Dein Hund kann verstehen, dass er nicht bellen soll. Dazu braucht es einen verständlichen und sachlichen Abbruch. Etwas, was individuell zu deinem Hund passt, was dafür sorgt, dass

01

01 Impulskontrolle für den annähernden Hund

02 Der Mensch scheucht ihn weg …

03 … und kontrolliert so den Kontakt.

er einsehen kann, dass er nicht bellen soll. Es gibt tausende Methoden der Unterbrechung, die alle genau richtig oder völlig unpassend für dich und deinen Hund sein könnten. Hast du die richtige Methode und vor allem die richtige Anwendung der Methode für euch gefunden, dann kannst du durchsetzen, dass dein Hund in seinem Frust über den nicht erreichbaren Knochen nicht mehr bellt, sondern still frustriert ist. Er ist genervt, hemmt aber seine Impulse, das herauszuschreien, und zeigt eventuell auch noch weiter Stressanzeichen. Den Stress kann der Hund genau wie seine Frustration nicht willentlich abstellen.
Beides wird aber über die Zeit immer weniger werden. Hier braucht es Geduld und viele Wiederholungen. Der Mensch fordert in dem Moment des Lernens ein, dass der Hund nicht laut sein darf und macht die Leine so kurz, dass der Hund nicht wild herumspringen kann. Durch das Hemmen der Impulse zu bellen und zu springen in der akuten Situation, beruhigt sich der Hund leichter, weil er sich nicht mehr so hineinsteigern kann. Der Stresspegel sinkt durch den gehemmten Impuls mit und auf die bereits vorhandene Frustrationstoleranz wird leichter zugegriffen – eine positive Kettenreaktion. So kann die Übung schneller zu einem guten Ende kommen und dem Hund besser das angenehme Gefühl vermitteln, dass er es geschafft hat, die frustrierende Situation zu bewältigen. Es finden also gleichzeitig bewusstes Lernen und Erkennen, Konditionierungsprozesse auf basaler Ebene, Lernen am Model durch dein Verhalten und ein Aufbau stärkender Strukturen im Gehirn und der grauen Masse statt. Ein komplexes Gefüge aus vielen verschiedenen Faktoren und Möglichkeiten.
Am Ende steht dann ein handlungsfähiger und selbstkontrollierter Hund. Wie sagt es mein geschätzter Kollege Robert Mehl so passend: „Freiheit ist zu tun, was man möchte! Nicht zu tun, wozu man Lust hat!“

Ein Hund mit guter Impulskontrolle und Frustrationstoleranz kann handeln, wie er es möchte, weil er entscheidet, was sinnvoll ist.

02

03

ÜBE HÄUFIG, ABER LEICHT

Für alle drei Fähigkeiten gilt beim Üben: leicht und häufig ist besser als selten und schwer.

Bei Frustrationstoleranzübungen suchst du am besten die, bei denen dein Hund nicht völlig in seiner Impulskontrolle versagt, also alles, wo er vielleicht ein bisschen quengelt mault oder hin und her tippelt, aber sich nicht in Rage bellt. Denk an den Unterschied zwischen Frustration und Impulsivität. Bei Frustrationstoleranzübungen möchtest du Frust hervorrufen, brauchst dafür aber keine möglichst hohe Impulsivität. Nutze alle Übungen die Verlockungen, die Frust und Stress auslösen, aber wenig Impulsivität. Andere Hunde rennen sehen und nicht mitrennen dürfen oder fliegende Bälle zu beobachten, ist häufig ein schlechter Start. Dasselbe gilt für das Anbellen von Hunden an der Leine, am Gartenzaun oder aus dem Auto heraus. Hier tritt keine Gewöhnung ein. Den Hund stundenlang bellen zu lassen, gewöhnt ihn nicht, macht es nur schlimmer und ist eine schlechte Übung für Frustrationstoleranz.

Mit einem satten Hund lässt es sich gut üben.

Wenn du viel üben möchtest, dann nutze viele verschiedene Übungen an verschiedenen Orten. Mache täglich mehrere kleine Sachen, frustriere den Hund mal im Haus, mal draußen, mal mit dir zusammen, mal während er allein ist. Frustriere ihn, während anderer Menschen anwesend sind, der Fernseher läuft, die Sonne scheint, morgens, mittags oder abends.

Variiere mit allem Möglichen und werde kreativ beim Erschaffen neuer Verlockungen. Nutze die Übungen, die absolut nichts mit euren Problemen zu tun haben. Frustrationstoleranz hat man oder man hat sie nicht. Du musst sie nicht in den Momenten beibringen, von denen du glaubst, dass genau diese Momente sich ändern sollen! Bitte lies den Satz noch mal! Frustrationstoleranz lernt der Hund in allen Situationen, die ihn frustrieren, nicht nur da, wo du dir ein anderes Verhalten wünschst. Übe mit ihm gezielt da, wo keine wunden Punkte liegen! Mache es lieber an anderen, vollkommen unwichtigen Stellen.

Du denkst, er kann das mit dem unzugänglichen Futter? Dann binde ihn doch mal an, nimm Leberwurst, lecke vorher genüsslich deine Finger ab, zeige sie ihm ganz nah vor der Nase, lasse ihn „Sitz!" machen, um seine Hoffnung noch mehr zu schüren und lege sie dann ein paar Zentimeter zu weit weg. Und vergiss natürlich nicht, dein Auflösekommando zu geben, was du sonst immer gibst, wenn du etwas zu fressen frei gibst. Klappt es immer noch so easy?

Und wenn er kein Futter mag, wie steht es mit seinem Spielzeug, einer Person, die er mag, oder einem unbekannten Gegenstand? Du sagst, dein Hund hat gar keinen Frust, wenn du ihn in der Wohnung anleinst, weil

Wer sich besonnen zurücknimmt, gewinnt.

Nach dem Üben darf entspannt werden.

er da ja eh nur schläft? Probiere es doch mal aus und bewege dich selbst, klimpere in der Küche mit den Näpfen, zieh deine Schuhe an und aus, lasse jemanden an der Tür klingeln und unterhalte dich eine halbe Stunde, in der dein Hund angebunden ist, bei geschlossener Wohnzimmertür mit deinem Besuch, bevor der wieder geht, ohne dass dein Hund ihn sehen oder begrüßen konnte. Immer noch zu einfach?

Was ist, wenn der Besuch dann kurz den Kopf zur Tür reinsteckt und deinen Hund freundlich anspricht, aber nicht hingeht und dann wieder verschwindet? Bevor du aus dem Haus musst, hast du hunderte Möglichkeiten Frust hervorzulocken.

Und draußen geht es auch vorsichtig los. Dein Hund schläft angebunden an der Parkbank einfach nur ein? Selbst wenn du andere Hunde, die vorbeikommen, fütterst und streichelst und er dahinten sitzt und nicht hinkommt? Du siehst, worauf ich hinaus will.

Wie ist es mit einer pingeligen Leinenführigkeit über eine halbe Stunde? Ohne zu markieren selbstverständlich! Bevor das alles nicht klappt, brauchst du nicht dort anfangen, wo es am schwersten fällt. Jede leichte Übung lässt sich steigern, und falls du das Gefühl hast, dass es zu einfach ist, dann steigere erst die einfachsten Aufgaben, bevor du die Ablenkung suchst, die zu hoch ist, um sich wieder zu beruhigen.

Einen ausgeglichenen Hund zu bekommen, ist ein langsam aufbauendes Training über Monate und Jahre! Auch alle Übungen für Impulskontrolle dürfen gern so gestaltet werden, dass du das Verhalten zuverlässig unterbinden kannst, ohne hart werden zu müssen. Weißt du nicht, was du tun kannst, um durchzusetzen, dass dein Hund etwas lässt, was du verlangst, dann suche erst nach einer Methode, die dich sicher macht. Frage dich vor jeder Übung, was du tun willst, wenn dein Hund doch das macht, was er nicht machen soll. Und ob das, was du dann tun wirst ausreichen wird, um ihn davon abzuhalten, es danach noch mal zu versuchen. Probiere ruhig ein paar Dinge aus, aber gestehe dir auch ein, wenn du hier weitere Hilfe brauchst, um selbstsicher handeln zu können. Wähle deine Übungen so aus, dass du danach in einem guten Licht dastehst.

Das Leben bietet überall Frust.

Hunde üben im Kontakt miteinander.

Das Einfordern von Hemmung gehört zum natürlichen Umgang.

LOS GEHT'S!

Die „Dreifaltigkeit" in all ihrer Pracht: Belohnungsaufschub, Frustrationstoleranz und Impulskontrolle.
Du kennst nun den Unterschied zwischen Frustrationstoleranz, Belohnungsaufschub und Impulskontrolle und wo sich die Fähigkeiten überschneiden? Dann kann es jetzt praktisch losgehen. Ich empfehle dir, einen kleinen Trainingsplan mit ein paar Übungen, mit denen du beginnen möchtest, zu entwerfen. Das Mitschreiben in einem Tagebuch, in dem du den Verlauf dokumentierst, ist ebenfalls ratsam.
Leg direkt los und schau was passiert. Denk daran, dass sich Verbesserungen erst nach mehreren Wiederholungen zeigen und Verbesserungen der allgemeinen Fähigkeiten auch in anderen Lebenssituationen mehrere Monate brauchen. Sobald eine der Übungen keinen Frust mehr auslöst oder du einen Impuls zuverlässig stoppen kannst, muss sie schwerer gestaltet oder ausgetauscht werden.

Je jünger dein Hund ist, desto mehr solltest du üben, um alles noch herauszuholen, was zu holen ist. Denke dabei daran, dass es mehrere Jahre dauert, bis die Entwicklung vollständig abgeschlossen ist und Übungen und genutzte Chancen des Alltags euch selbstverständlich und dauerhaft begleiten sollten, bis dein Hund komplett ausgereift ist.

Das Ziel ist es, dass du danach nichts mehr machen musst und voll auf alles zurückgreifen kannst, was dein Hund bis dahin erworben hat. Hast du die Chance mit dem Welpen zu beginnen, dann ist dieses Thema in den ersten drei Lebensjahren dauerpräsent und danach überhaupt nicht mehr. Dann genießt ihr nur noch und gebt mit eurer auffälligen Souveränität an. Und das zu Recht!

Was gibt es Schöneres als einen Hund, den man stressfrei überall mit hinnehmen kann?

EINFACH MACHEN

Ich hoffe, dass ich dir die wunderbare Fähigkeit der Selbstregulation näherbringen konnte und du Lust bekommen hast, dich damit zu beschäftigen.

Probiere dich aus, übe mutig, greife voll daneben und probiere es neu. Erziehung ist keine Perfektion, es ist Ausprobieren, Zusammenwachsen und gemeinsam Lernen. Die heute viel verbreitete Angst, alles kaputt zu machen, nur weil man einmal daneben liegt, möchte ich dir nehmen. Dein Hund und du, ihr führt eine freundschaftliche Beziehung. Fehler gehören dazu, auf beiden Seiten, und wer etwas falsch macht, der kann sich entschuldigen und es richtig machen. Solange du im Sinne des Hundes denkst, mit liebevoller Absicht und klarer Beobachtung handelst und dein Handeln anpasst, bist du auf dem richtigen Weg. Lass dir also bitte keine Angst machen, behalte deine Neugier und deine Aufgeschlossenheit und hör nie auf, mit deinem Hund zusammen zu lernen.

Schnipsel und ich wünschen dir viel Spaß beim Lernen!

SERVICE

☞ SCHÖN

Schön, dass es so viele Menschen gibt, die helfen, Bücher wie dieses in die Welt zu bringen. Das bin ich nicht allein, denn um etwas dieser Art zu erschaffen, braucht es Herzblut von vielen Menschen. Im Kosmos-Verlag sitzen einige dieser Menschen wie Ute und arbeiten Wochen und Monate an der Umsetzung. Meine Probeleser*innen lesen unter Zeitdruck die ersten Versionen und geben wertvolles Feedback und Susanne hat auch dieses Mal wieder alle meine Rechtschreibfehler korrigiert. Ich danke euch allen sehr! Danke Perdita! Danke auch an die anderen Personen um mich herum, die mir helfen, mich bestärken und die mir Kraft geben, weil sie in meinem Leben sind. Meine Familie, mein Mann, meine Freunde und natürlich meine kleine Schnipsel. Ihr seid die wichtigsten in meinem Leben. Ich vermisse dich mein lieber Nanu! Ein paar der älteren Fotos von dir sind aber noch in diesem Buch gelandet und dich darauf zu sehen, macht mir ein warmes Gefühl im Herz. Auch du hast mich noch viele Stunden beim Schreiben dieses Buches begleitet.

ZUM WEITERLESEN UND WEITERKLICKEN

WEITERE EMPFEHLENSWERTE BÜCHER

Hier findest du eine kleine Auswahl von Büchern aus dem Kosmos-Verlag, mit denen du noch tiefer in die Thematik „Hund“ einsteigen kannst.

Baumann, Thomas und Ina: **Entschleunigung von Mensch und Hund.** Gemeinsam zu mehr innerer Ruhe und Gelassenheit.

El Ayachi, Sami: **Der zugewandte Hund.** Körpersprache richtig verstehen und anwenden.

Engelstädter, Vanessa: **Resilienz bei Hunden.** Hunde im Inneren stärken – Für einen gelassenen Umgang mit Konflikten und Stress.

Grote, Maren:
Hunde lesen lernen.
Hundeverhalten praxisnah erklärt.
Hunde fühlen und anleiten. Die Magie der Berührung

WEBINARE

Viele spannende Themen, Autorinnen und Autoren findest du in unseren Online-Seminaren. Ob live oder als Aufzeichnung, hier dreht sich alles um den Hund.

WEBINARE VON MAREN GROTE

Blickschule Hundeverhalten – **Aggression**
Blickschule Hundeverhalten – **Angst**
Blickschule Hundeverhalten – **Spiel**

APP VON MAREN GROTE

Schnipsel. Life of Schnipsel.

Besuche Maren Grote unter:
www.marengrote.de
www.kötercoach.de

SOCIAL MEDIA

Möchtest du wissen, was los ist? Insta-Lives, Podcast, Webinar-Ankündigungen, Zitate, Buchvorstellungen, Gewinnspiele, Takeover unserer Autorinnen und Autoren und vieles mehr gibt es auf unseren Social-Media-Kanälen unter:
instagram.com/kosmos.hund
facebook.com/kosmos.hund

Folge uns und werde Teil unserer KosmosHund-Community!

Hunde verstehen —— mit Maren Grote

200 Seiten

Was Hundehaltende schon immer über das Verhalten ihres Hundes wissen wollten und bisher in keinem Buch gefunden haben – hier steht es drin! Hundetrainerin Maren Grote zeigt Hundeverhalten genau so, wie es im Alltag auftritt. Nach Alltagssituationen geordnet und anhand vieler Fotos wird das jeweilige Verhalten beschrieben und die Körpersprache erklärt. Man versteht nicht nur, was der Hund fühlt und denkt, sondern auch das Warum. Zusätzlich gibt es wertvolle Tipps, um kritische Situationen besser zu steuern. Ein kompetenter Ratgeber, der Fachwissen einzigartig verständlich und praxisnah vermittelt.

Dieses Buch ist ein wahrer Augenöffner! Denn in ihm stellt sich Hundetrainerin und SPIEGEL Bestseller-Autorin Maren Grote bewusst gegen die weitverbreitete Annahme, dass man für ein entspanntes Zusammenleben von Mensch und Hund jede Menge Training und Hilfsmittel benötigt. Sie zeigt, wie Hundehaltende wieder zu einem natürlichen und innigen Umgang mit dem Hund zurückfinden. Dabei steht die Interaktion durch Körperkontakt im Mittelpunkt. Die speziell dafür gestalteten Berührungen werden ausführlich und reich bebildert erklärt und mit Übungen zum Ausprobieren ergänzt, sodass sie leicht im Alltag angewendet werden können. So lernen sich Mensch und Hund neu kennen und stärken ihr intuitives und soziales Zusammenleben.

232 Seiten

kosmos.de

REGISTER

BILDNACHWEIS

273 Farbfotos wurden von Anna Auerbach für dieses Buch aufgenommen.

IMPRESSUM

Umschlaggestaltung von GRAMISCI Editorialdesign, Stefanie Wawer unter Verwendung von Farbfotos von Trio Bildarchiv/Katharina Willerscheidt (U1) und Anna Auerbach (U4)

Mit 273 Farbfotos

Alle Angaben in diesem Buch erfolgen nach bestem Wissen und Gewissen. Sorgfalt bei der Umsetzung ist indes dennoch geboten. Der Verlag und die Autorin übernehmen keinerlei Haftung für Personen-, Sach- oder Vermögensschäden, die aus der Anwendung der vorgestellten Materialien, Methoden oder Informationen entstehen könnten.

Unser gesamtes Programm finden Sie unter **kosmos.de.**
Über Neuigkeiten informieren Sie regelmäßig unsere Newsletter, einfach anmelden unter **kosmos.de/newsletter**

Gedruckt auf chlorfrei gebleichtem Papier

ISBN 978-3-440-18123-2
Redaktion: Ute-Kristin Schmalfuß
Gestaltungskonzept: Peter Schmidt Group GmbH, Hamburg
Gestaltung und Satz: Atelier Krohmer, Dettingen/Erms
Produktion: Angela List
Druck und Bindung: Westermann Druck Zwickau GmbH, Zwickau
Printed in Germany / Imprimé en Allemagne

FSC www.fsc.org MIX Papier | Fördert gute Waldnutzung FSC® C110508